リシリノマックレイセアカオサムシ
さいはての島の小さな奇跡

文・井村有希
写真・永幡嘉之

Hemicarabus macleayi amanoi
A Miracle of the Carabidology Made on the Northernmost Island of Japan

Text by Yûki IMURA
Photo by Yoshiyuki NAGAHATA

まだ見ぬものに対する憧れ ─ それは自然を愛する者なら誰しも一度は心に抱いたことのあるロマンであろう。21世紀最初の夏，北のはて，利尻山の登山道で，ひとりのナチュラリストにより見慣れぬオサムシの死骸が発見された。オサムシはそれから3年のあいだ，人目に触れることなく彼の引き出しの中で眠っていたが，やがて周囲の虫好きたちのあいだに噂が流れるようになり，種名確認のために本書の著者のもとへと送り届けられた。外見上の特徴から，それはマックレイセアカオサムシそのものと思われたが，既知の諸集団とは細かい点で異なっていたうえ，なによりもこのようなものが利尻島から得られたという事実自体，たいそう意外なことであった。なぜなら，同種はユーラシア北東部に分布の中心をもつ大陸系のオサムシであり，サハリンまでは記録があるものの，日本国内に生息していようとはこれまで夢にも思われていなかったからである。

　つぎになすべきは，この標本と同じ形態をもつオサムシが利尻島に生息していることを再確認し，集団としての特徴をあきらかにすることであった。そこで2004年の夏，井村有希，戸田尚希，永幡嘉之の3名からなる調査隊が編成され，利尻島各地で探索が行われた。その結果，わずか1♀ではあるが，利尻山の高所において先の個体とほぼ同様の特徴をもつオサムシが捕獲され，同島には確かにこの種が生息していることが判明した。このときの成果は同年11月に小田原で開催された日本鞘翅学会第17回大会において発表され，時を同じくして出版された同学会誌の誌上で，利尻島の集団はリシリノマックレイセアカオサムシ *Hemicarabus macleayi amanoi* という名のもとに新亜種として記載されるに至った。かくして，同種は数十年ぶりに発見された日本未記録種として，わが国のオサムシ界にはなばなしくデビューを果たしたのである。

　くしんの末，利尻島における生息を確認することはできたものの，記載された時点ではわずか2点の♀が知られていたにすぎず，分類学的に不可欠な♂が未知であったうえ，その分布状況や生息環境，生態に関しても不明な点があまりにも多かった。これらの知見は，単に昆虫学への貢献という一側面のみに留まらず，利尻島の高所に残された特殊な環境にかろうじて命脈を保ってきた本種の保全を考えるうえにおいてもきわめて貴重な基礎的資料となるので，さらなる調査が必要であった。

　れいねんになく春の訪れの遅かった2005年ではあるが，前年のメンバーに佐藤雅彦，塩見和之をくわえた計5名による第二次調査隊が編成され，雪どけとともに再度の探索が行われた。その結果，♂を含む12点の標本があらたに得られ，利尻島亜種に対するより的確な分類学的評価が可能になるとともに，詳細な分布状況や生息環境，生態，幼生期の全貌などもあきらかにされた。これらの成果は同年11月に倉敷で開催された日本鞘翅学会第18回大会において発表され，同時に出版された学会誌上において♂とその交尾器所見を含む成虫の再記載，終齢幼虫の図示・記載，ならびに分布や生息環境，生態についての紹介がなされた。

　いまここに上梓されるはこびとなった本書は，2度にわたる利尻島での調査記録を集大成したもので，調査を通して得られたリシリノマックレイセアカオサムシに関する知見のほぼすべてが盛り込まれた学術的資料であると同時に，利尻島の美しい自然を描写した写真集としても楽しんでいただける構成となっている。本書の出版により，北の島の過酷な自然のなかで今日まで生き残ってきた貴重なオサムシをより多くのかたがたに知っていただき，本種の保全に対する意識が高まることを期待したい。

One day in the first summer of the twenty-first century, a dead female of a strange carabid beetle was unexpectedly found on a path leading to the top of Mt. Rishiri-zan on the Island of Rishiri-tô, off the western coast of the northern tip of Hokkaido, Northeast Japan. Three years later, it was submitted to Yûki IMURA, the author of this book, for identification and taxonomical study. It was evident at a glance that the beetle was specifically identical with *Hemicarabus macleayi*, though somewhat different in details from all the known local races of the species. This was most unexpected, since the main distributional range of *H. macleayi* theretofore known was the northeastern part of the Eurasian Continent, and the range extended onto the Island of Sakhalin at the most. Anyway, it was apparent that the beetle in question was an unrecorded species from the Japanese territory.

To prove its indigenousness on Rishiri-tô and to clarify its own characteristics more precisely, IMURA made a field investigation in the summer of 2004 with the aid of Naoki TODA and Yoshiyuki NAGAHATA, and fortunately succeeded in obtaining another female specimen in the alpine zone of the same island. The result of this survey was presented at the 17th Annual Meeting of the Japanese Society of Coleopterology held in Odawara, 20–21 November 2004. Thus, *Hemicarabus macleayi* made a sensational debut in the Japanese carabine fauna, and the Rishiri race was described as an endemic subspecies named *amanoi*.

However, only two female specimens were known until that time, and the next step to be made was to discover the male in order to reconfirm its taxonomical status on sounder basis. Besides, our knowledge was still too poor as regards the distributional range, habitat and ecology of this beetle on the island. All these are needed to be brought to light, since they are indispensable not only for science but also to make careful consideration for conservation of this gem of a carabid beetle. For this purpose, a second survey was made in the summer of 2005, and totally twelve specimens including the first male were collected. At the same time, many valuable data were obtained on the range of distribution and original habitat. In addition, its life stage from the egg to newly emerged adult was clarified *in vitro*. These additional findings were presented at the 18th Annual Meeting of the Japanese Society of Coleopterology held in Kurashiki, 19–20 November 2004, and the Rishiri race was fully described on both sexes with illustration and description of the larva. On the same occasion, a brief comment was also given on its distributional range, habitat, food and estimated annual life cycle.

This book is a compilation of these researches on *Hemicarabus macleayi amanoi*, containing nearly all the findings obtained through the two expeditions, with presentation of the photographs of beautiful nature of the Island of Rishiri-tô taken by Yoshiyuki NAGAHATA. The main purpose of this book is to widely publicize this jewel species which must survive narrowly in a harsh environment of the northern island, as well as to raise the level of awareness concerning its conservation.

目　次

さいはての宝の島 — 利尻島（上野俊一） ⋯⋯⋯⋯⋯⋯⋯⋯⋯⋯⋯⋯⋯⋯⋯⋯⋯⋯⋯⋯⋯⋯⋯⋯⋯⋯⋯⋯⋯ 6
リシリノマックレイセアカオサムシとの出逢い（戸田尚希） ⋯⋯⋯⋯⋯⋯⋯⋯⋯⋯⋯⋯⋯⋯⋯⋯⋯⋯⋯⋯ 7
謝辞 ⋯⋯⋯ 7
凡例 ⋯⋯⋯ 8

第1部　日本未記録のオサムシ
　写真集 ⋯⋯ 10
　本文
　　第1章　発見
　　　　三重県熊野 ⋯⋯⋯⋯⋯⋯⋯⋯⋯⋯⋯⋯⋯⋯⋯⋯⋯⋯⋯⋯⋯⋯⋯⋯⋯⋯⋯⋯⋯⋯⋯⋯⋯⋯⋯⋯⋯ 31
　　　　メール添付画像 ⋯⋯⋯⋯⋯⋯⋯⋯⋯⋯⋯⋯⋯⋯⋯⋯⋯⋯⋯⋯⋯⋯⋯⋯⋯⋯⋯⋯⋯⋯⋯⋯⋯⋯⋯ 31
　　　　衝撃 ⋯⋯ 32
　　　　天野さんの手紙 ⋯⋯⋯⋯⋯⋯⋯⋯⋯⋯⋯⋯⋯⋯⋯⋯⋯⋯⋯⋯⋯⋯⋯⋯⋯⋯⋯⋯⋯⋯⋯⋯⋯⋯⋯ 33
　　　　四川省成都 ⋯⋯⋯⋯⋯⋯⋯⋯⋯⋯⋯⋯⋯⋯⋯⋯⋯⋯⋯⋯⋯⋯⋯⋯⋯⋯⋯⋯⋯⋯⋯⋯⋯⋯⋯⋯⋯ 33
　　　　第一次調査 ⋯⋯⋯⋯⋯⋯⋯⋯⋯⋯⋯⋯⋯⋯⋯⋯⋯⋯⋯⋯⋯⋯⋯⋯⋯⋯⋯⋯⋯⋯⋯⋯⋯⋯⋯⋯⋯ 34
　　　　オフの活動 ⋯⋯⋯⋯⋯⋯⋯⋯⋯⋯⋯⋯⋯⋯⋯⋯⋯⋯⋯⋯⋯⋯⋯⋯⋯⋯⋯⋯⋯⋯⋯⋯⋯⋯⋯⋯⋯ 34
　　　　第二次調査 ⋯⋯⋯⋯⋯⋯⋯⋯⋯⋯⋯⋯⋯⋯⋯⋯⋯⋯⋯⋯⋯⋯⋯⋯⋯⋯⋯⋯⋯⋯⋯⋯⋯⋯⋯⋯⋯ 35
　　第2章　調査
　　　1. 第一次調査（2004年8月7〜12日，19〜21日，9月7〜9日）
　　　　　31年ぶりの利尻島 ⋯⋯⋯⋯⋯⋯⋯⋯⋯⋯⋯⋯⋯⋯⋯⋯⋯⋯⋯⋯⋯⋯⋯⋯⋯⋯⋯⋯⋯⋯⋯⋯⋯ 36
　　　　　生息地の手がかり ⋯⋯⋯⋯⋯⋯⋯⋯⋯⋯⋯⋯⋯⋯⋯⋯⋯⋯⋯⋯⋯⋯⋯⋯⋯⋯⋯⋯⋯⋯⋯⋯⋯ 37
　　　　　ついに1♀を採る！ ⋯⋯⋯⋯⋯⋯⋯⋯⋯⋯⋯⋯⋯⋯⋯⋯⋯⋯⋯⋯⋯⋯⋯⋯⋯⋯⋯⋯⋯⋯⋯⋯ 37
　　　2. 第二次調査（2005年6月14日〜7月12日，9月17日〜21日）
　　　　　♂の発見と生息環境の把握 ⋯⋯⋯⋯⋯⋯⋯⋯⋯⋯⋯⋯⋯⋯⋯⋯⋯⋯⋯⋯⋯⋯⋯⋯⋯⋯⋯⋯⋯ 39
　　　　　調査地点の概要
　　　　　　1）利尻山登山コース ⋯⋯⋯⋯⋯⋯⋯⋯⋯⋯⋯⋯⋯⋯⋯⋯⋯⋯⋯⋯⋯⋯⋯⋯⋯⋯⋯⋯⋯⋯⋯ 39
　　　　　　2）ヤムナイ沢 ⋯⋯⋯⋯⋯⋯⋯⋯⋯⋯⋯⋯⋯⋯⋯⋯⋯⋯⋯⋯⋯⋯⋯⋯⋯⋯⋯⋯⋯⋯⋯⋯⋯⋯ 40
　　　　　　3）鬼脇コース ⋯⋯⋯⋯⋯⋯⋯⋯⋯⋯⋯⋯⋯⋯⋯⋯⋯⋯⋯⋯⋯⋯⋯⋯⋯⋯⋯⋯⋯⋯⋯⋯⋯⋯ 41
　　　　　　4）大空沢 ⋯⋯⋯⋯⋯⋯⋯⋯⋯⋯⋯⋯⋯⋯⋯⋯⋯⋯⋯⋯⋯⋯⋯⋯⋯⋯⋯⋯⋯⋯⋯⋯⋯⋯⋯⋯ 42
　　第3章　リシリノマックレイセアカオサムシ
　　　1. 形態
　　　　　成虫 ⋯⋯⋯⋯⋯⋯⋯⋯⋯⋯⋯⋯⋯⋯⋯⋯⋯⋯⋯⋯⋯⋯⋯⋯⋯⋯⋯⋯⋯⋯⋯⋯⋯⋯⋯⋯⋯⋯⋯ 43
　　　　　卵 ⋯⋯ 46
　　　　　幼虫 ⋯⋯⋯⋯⋯⋯⋯⋯⋯⋯⋯⋯⋯⋯⋯⋯⋯⋯⋯⋯⋯⋯⋯⋯⋯⋯⋯⋯⋯⋯⋯⋯⋯⋯⋯⋯⋯⋯⋯ 46
　　　2. 分布 ⋯⋯ 47
　　　3. 生息環境 ⋯⋯⋯⋯⋯⋯⋯⋯⋯⋯⋯⋯⋯⋯⋯⋯⋯⋯⋯⋯⋯⋯⋯⋯⋯⋯⋯⋯⋯⋯⋯⋯⋯⋯⋯⋯⋯⋯ 47
　　　4. 生態
　　　　　食性 ⋯⋯⋯⋯⋯⋯⋯⋯⋯⋯⋯⋯⋯⋯⋯⋯⋯⋯⋯⋯⋯⋯⋯⋯⋯⋯⋯⋯⋯⋯⋯⋯⋯⋯⋯⋯⋯⋯⋯ 49
　　　　　周年経過 ⋯⋯⋯⋯⋯⋯⋯⋯⋯⋯⋯⋯⋯⋯⋯⋯⋯⋯⋯⋯⋯⋯⋯⋯⋯⋯⋯⋯⋯⋯⋯⋯⋯⋯⋯⋯⋯ 49
　　　5. 日本のオサムシ研究史上における今回の発見の意義 ⋯⋯⋯⋯⋯⋯⋯⋯⋯⋯⋯⋯⋯⋯⋯⋯⋯⋯ 51
　　　6. 保全と対策 ⋯⋯⋯⋯⋯⋯⋯⋯⋯⋯⋯⋯⋯⋯⋯⋯⋯⋯⋯⋯⋯⋯⋯⋯⋯⋯⋯⋯⋯⋯⋯⋯⋯⋯⋯⋯⋯ 52
　　第4章　世界のセアカオサムシ属
　　　1. セアカオサムシ属について ⋯⋯⋯⋯⋯⋯⋯⋯⋯⋯⋯⋯⋯⋯⋯⋯⋯⋯⋯⋯⋯⋯⋯⋯⋯⋯⋯⋯⋯⋯ 53
　　　2. オサムシ亜族中に占める位置 ⋯⋯⋯⋯⋯⋯⋯⋯⋯⋯⋯⋯⋯⋯⋯⋯⋯⋯⋯⋯⋯⋯⋯⋯⋯⋯⋯⋯⋯ 53
　　　3. 属の基本的特徴 ⋯⋯⋯⋯⋯⋯⋯⋯⋯⋯⋯⋯⋯⋯⋯⋯⋯⋯⋯⋯⋯⋯⋯⋯⋯⋯⋯⋯⋯⋯⋯⋯⋯⋯⋯ 53
　　　4. 分布 ⋯⋯ 53
　　　5. 分子系統 ⋯⋯⋯⋯⋯⋯⋯⋯⋯⋯⋯⋯⋯⋯⋯⋯⋯⋯⋯⋯⋯⋯⋯⋯⋯⋯⋯⋯⋯⋯⋯⋯⋯⋯⋯⋯⋯⋯ 53

6. 各種の解説
　　1) ヨーロッパセアカオサムシ *Hemicarabus nitens* LINNÉ, 1758 ———— 54
　　2) セアカオサムシ *Hemicarabus tuberculosus* DEJEAN et BOISDUVAL, 1829 ———— 55
　　3) マックレイセアカオサムシ *Hemicarabus macleayi* DEJEAN, 1826
　　　（1）基亜種　subsp. *macleayi* DEJEAN, 1826 ———— 56
　　　（2）北鮮亜種　subsp. *coreensis* BREUNING, 1933 ———— 58
　　　（3）利尻島亜種　subsp. *amanoi* IMURA, 2004 ———— 58
　　4) ホクベイセアカオサムシ *Hemicarabus serratus* SAY, 1825 ———— 60

第2部　生活史
　写真集 ———— 62
　本文
　　飼育記録
　　　［例1］ ———— 75
　　　［例2］ ———— 77

第3部　利尻島のオサムシと自然
　写真集 ———— 80
　本文
　第1章　利尻島のオサムシ相
　　1. 利尻島に産するオサムシの種数 ———— 93
　　2. 利尻島のオサムシ相とその特徴 ———— 93
　　　1) リシリノマックレイセアカオサムシ *Hemicarabus macleayi amanoi* IMURA, 2004 ———— 95
　　　2) セアカオサムシ *Hemicarabus tuberculosus tuberculosus* DEJEAN et BOISDUVAL, 1829 ———— 97
　　　3) リシリオサムシ *Aulonocarabus kurilensis rishiriensis* NAKANE, 1957 ———— 98
　　　4) ヒメクロオサムシ *Asthenocarabus opaculus opaculus* PUTZEYS, 1875 ———— 99
　　　5) コブスジアカガネオサムシ *Carabus arvensis hokkaidensis* LAPOUGE, 1924 ———— 100
　　　6) エゾアカガネオサムシ *Carabus granulatus yezoensis* BATES, 1883 ———— 101
　　　7) リシリキンオサムシ *Pachycranion kolbei hanatanii* IMURA, 1991 ———— 102
　　　8) キタオオルリオサムシ *Acoptolabrus gehinii aereicollis* HAUSER, 1921 ———— 103
　　［カタビロオサムシ類］
　　　1) アオカタビロオサムシ *Calosoma inquisitor cyanescens* MOTSCHULSKY, 1859 ———— 104
　　　2) クロカタビロオサムシ *Calosoma maximowiczi maximowiczi* MORAWITZ, 1863 ———— 104
　　　3) エゾカタビロオサムシ *Campalita chinense chinense* KIRBY, 1818 ———— 105
　　［セダカオサムシ類］
　　　1) セダカオサムシ *Cychrus morawitzi morawitzi* GÉHIN, 1885 ———— 105
　第2章　利尻島の地史と自然
　　1. 利尻島の地史 ———— 106
　　2. リシリノマックレイセアカオサムシの渡来時期と経路 ———— 106
　　3. なぜこれまで発見されなかったのか？ ———— 106
　　4. 今後，新産地が発見される可能性 ———— 107
　　5. 豊かな自然が残された島，利尻 ———— 107

原著論文再録 ———— 108
参考文献 ———— 116
あとがき ———— 119
略歴 ———— 120

さいはての宝の島 ― 利尻島

上野俊一　Shun-Ichi UÉNO
(国立科学博物館名誉研究員)

　初めて利尻島を訪れてから,すでに半世紀近い歳月が流れた.しかし,稚内の港からこの美しい島を遠望したときの感激は,今でも忘れることができない.

　1961 年の夏,まだ京都大学大学院に在籍していたわたしは,北海道の高山性甲虫類を調べるために,北海道大学山岳部の学生だった橋本正人さんと二人で,厳しい山登りに励んでいた.その前年の夏,日高山脈で好成績を収めた勢いをかって,それまでほとんど調べられることのなかった北海道の高山を,一通り調査しようというのが,この旅行の目的だった.当時の北海道はまだ交通事情が悪く,夜汽車とバスを乗り継いで,テントに寝泊まりしながら山登りを続ける旅は,院生でなければとても実行できなかっただろう.それも 6 月と 7 月を,戦後はじめての高山帯調査のために,台湾の山やまで過ごしたテント生活の引き続きだったのである.

　8 月早々に京都を発ったわたしは,北上山地北部の洞窟探検に一週間ほど参加したのち,北海道に渡って橋本さんと合流し,まず夕張岳へ向かった.テントの周りをうろつくヒグマに脅かされながら,高山帯の調査を終えて東側へ下山し,改めて北隣りの芦別岳に登り,次に知床へ行って半島の山やまを踏査した.羅臼から帯広へ引き返して石狩岳に登り,それから夜行列車を乗り継いでようやく稚内に着いたときには,もう 8 月も終わりかけていた.朝まだきの海面から長い裾を引いて立ちあがる富士山型の利尻山は,それまでに眺めたどの山よりも美しく,長い旅の疲れを癒してくれる穏やかな顔を見せていた.

　鴛泊に上陸したわたしたちは,すぐに鬼脇へ移動し,ここを調査の基地にした.現在の利尻山は,ふつう鴛泊口から登られ,鬼脇口からの道は登山禁止になっているが,当時はまだ,頂上近くの崩落もそれほど進んでいなかったので,鴛泊や沓形からの登山道と同じように鬼脇登山道もよく利用され,鬼脇港自体が,稚内航路の船着き場として,重要な役割を果たしていたのだった.ずっとのちになってからこの山を再訪したときには,もっともゆるやかな鴛泊登山道でさえ,頂上部では尾根が両側から崩壊しているのを見て,変化の速さに驚いたものだった.

　ダケカンバなどの低木がかなり上のほうまで拡がっているほかの登山道と違って,鬼脇登山道の上部には剥き出しの岩が林立し,甲虫相も決して豊富だとはいえない.しかし,こういう一見,不毛のようにみえる場所(ただし鴛泊側)で採集された資料のなかから,エゾヒサゴゴミムシが見つかった.環北極的に分布するこの飛べないゴミムシが利尻島で発見されたことは,それまでの動物地理学の常識を覆し,さらに新しい発見を期待させるものだった.とくにこのゴミムシとまったく同じ分布模様をもち,オサムシ亜目の現生種のなかではもっとも原始的なものと考えられるムカシゴミムシ(ムカシゴミムシ科という特別の科を形成する)も利尻島に生息しているのではないか,という期待が高まり,そのための調査がなん度も行われた.その結果,いくつかの新固有種や未記録種を含む新しい発見がなされたが,肝心のムカシゴミムシはまだ見つかっていない.

　ところが近年になって,それとはまた別の驚くべき発見がなされた.それが本書の主題になっているリシリノマックレイセアカオサムシである.このオサムシは,単に利尻島の固有亜種であるばかりでなく,利尻島の甲虫相の特異性を端的に示す美麗種であり,その重要さはほかに例がない.そのうえ,短時日のうちに,幼期の形態や発育のようすまで解明され,それらのすべてが生息地のみごとな写真とともに,一冊の書物としてまとめられている.もちろん,成虫の形態や同属の他種および他亜種との比較など,必要な事項のすべてが網羅されていて,近来まれにみるすばらしい仕上がりになっている.本書の上梓を心から慶ぶとともに,著者の超人的なご努力に深い敬意を表したい.

　利尻島は決して古い島ではない.その歴史は東北地方の火山と似たり寄ったりで,沖縄などとは比べるべくもない.利尻山の整った姿が,このことを明瞭に示している.それにもかかわらず,固有種や固有亜種がよく分化しているのは利尻島の謎で,その由来と分化過程の解明が切望される.利尻島は謎の島,そして宝の島なのである.

リシリノマックレイセアカオサムシとの出逢い

戸田尚希　Naoki TODA
（日本鞘翅学会会員）

　強烈な印象であった．
　私の虫部屋では月2回，サロンと称して甲虫屋が集まり，情報交換会が開かれている．メンバーの一人が，そこへ小さなプラケースに納められた甲虫を持ってきた．「オサムシなんだけど，知り合いが利尻島で拾ってきたもので，日本産の甲虫図鑑を見ても種類がわからない」とのことであった．
　上翅が金緑色にキラキラ輝く標本を見た瞬間，前に世界のオサムシ図鑑で見た姿が頭をよぎった．数人がのぞき込むなか，さっそく図鑑を開いてみた．マックレイセアカオサムシのページで手が止まり，「これだ！」と思った．が，しかし，日本では未記録というあまりの唐突さと懐疑心から，その場は「何かの間違いじゃないか？」という声や「でも本当だったら調査に行かなければ」という声が入り交じっていた．

　しばらくして，このオサムシの事も忘れかけていた頃，井村氏とお会いするきっかけがあり，ふとこの虫の事を思い出した．「こんなものがあるのですが…」とメールと写真を送り，見ていただくことにした．
　何度かのやりとりの後，実物を送り見ていただくと，少なくとも既存のマックレイセアカオサムシとは少し違うとの結論になり，「天野さんの登山記録などを元に調査に行こう」という事になった．
　初めて見た時の懐疑心は，もはや「絶対にいる」という確信に変わっていた．時期は？　生息環境はセアカオサムシと同じだろうか？　それとも独特な適応をしているのだろうか…？　様々な事が頭をよぎる．こうなったら早く調査に行かねばならない．許可が取れ次第ということで，私は職場のヒンシュクをよそ目に，強引にお盆休暇を前倒しして利尻島へ向かうこととした．
　今回の調査については，上野先生，同行した井村・永幡両氏はもちろんのこと，発見場所の情報を頂いた天野氏，虫をサロンにお持ち頂き，きっかけを下さった愛知県の河路掛吾氏に深く感謝する次第である．

謝　辞

　本書の作成にあたり，国立科学博物館名誉研究員の上野俊一博士には，利尻島の特別保護地区における調査許可申請に際して数多くの便宜をはかっていただいたうえ，巻頭には序文を賜った．名古屋市の戸田尚希氏は，利尻島で拾われた未知のオサムシに関する情報をいち早くお知らせくださったうえ，二度にわたる現地調査にご同行いただいた．瀬戸市の天野正晴氏は，ご自身で所蔵されていた標本を研究のため快くご提供くださった．まず，これらのかたがたに対して心よりの謝意を表したい．
　また，以下の諸氏（敬称略）からも，多方面にわたる有形無形のご協力・ご援助を賜った．ここにお名前を記して厚くお礼を申しあげたい．
　秋田勝己（津市），伊藤　昇（川西市），大澤省三（広島市），川田光政（札幌市），小林信之（川崎市），斉藤明子（千葉県立中央博物館），酒井　香（東京都），佐藤雅彦（利尻町立博物館），塩見和之（飯能市），杉浦信雄（福島市），蘇　智慧（生命誌研究館），高橋伸幸（北海学園大学），冨永　修（奈良市），行方　崇（米沢市），西川喜朗（追手門大学），野川裕史（稚内自然保護官事務所），水沢清行（横須賀市），森田誠司（東京都），保田信紀（層雲峡博物館），渡辺康之（尼崎市）（以上，五十音順），I. BELOUSOV（St. Petersburg），B. BRUGGE（Amsterdam），Th. DEUVE（Paris），H. SCHÜTZE（Gleichen）（以上，アルファベット順）．

凡　例

1. 本書は 3 部からなり，各部は前半の写真集と後半の本文によって構成される．
2. 各部の前半に使用した写真の大半は永幡嘉之により撮影されたものであるが，一部に井村有希撮影（セルフタイマー撮影を含む）のものを用いた（注釈末に「I」と表記）．
3. 各部前半の写真には簡単な解説と撮影年月日（日・月・年の順）を付記し，必要に応じて地名や撮影状況をつけ加えた．
4. 各部後半の本文中に挿入した写真は，断りのないかぎり井村有希により撮影されたもの（セルフタイマー撮影を含む）であるが，一部に永幡嘉之撮影のものを用いた（注釈末に「N」と表記）．
5. 本文中に挿入したコラム（罫線で囲んだ部分）内の文章は永幡嘉之による（文末に「N」と表記）．
6. 標本写真はすべて井村有希により撮影されたもので，必要に応じて脚注内に拡大率を示した．
7. オサムシ亜族 subtribe Carabina の上位分類は IMURA（2002）の体系に従った．すなわち，オサムシ亜族を 1 属 Carabus とはみなさず，複数の群と属に分類する扱いとした．
8. 和名およびオサムシの形態を表す用語に関しては，原則として「世界のオサムシ大図鑑」（井村・水沢, 1996, むし社）に倣った．また，本文中ではときとして和名末尾の「ムシ」，「オサムシ」ないし「セアカオサムシ」を省略した．
9. 体長は原則として大顎先端から上翅端までの長さを示した．標本の実測値に基づく表記を心がけたが，文献に記されている値を考慮に入れて表記したものもある．
10. 外国の地名はカタカナ，漢字もしくはローマ字による表記を適宜使い分けた．地名の仮名表記法は原則としてコンサイス外国地名辞典（三省堂）に倣った．
11. 巻末（108〜115 ページ）に再録したリシリノマックレイセアカオサムシに関する 2 編の原著論文は，日本鞘翅学会の許可を得て，同学会誌 ELYTRA（エリトラ）より転載したものである．
12. 二度にわたる利尻島特別保護地区内での調査は，それぞれ環境大臣の許可（2004 年度，環西道許第 040721009 号；2005 年度，同第 050328002 号）を得て行われた．また，国有林野への入林はその都度，宗谷森林管理署長の許可を得て行われた．

第 1 部
日本未記録のオサムシ

Part 1
A Carabid Beetle Newly Recorded from Japan

雪どけ

雪どけは10日ほどの間にみるみる進んだ．リシリノマックレイセアカオサムシはまだ芽吹きも始まらない斜面をいち早く歩きはじめ，そして慌しくその活動を終えてゆく（左／15.Ⅵ.2005 右／26.Ⅵ.2005）

前頁／稜線から見渡した利尻山南西斜面．6月末だというのに一面の残雪が眩しい（26.Ⅵ.2005）

上：エゾエンゴサクは亜高山帯に春を告げる（三眺山 15.VI.2005）右：初日には尾根筋にも雪がどっかりと残っていた（15.VI.2005）
下：岩場を這う成虫（23.VI.2005）

調査

赤茶けた登山道を，くる日もくる日も登った．雪の消え際からオオバナノエンレイソウが蕾をもたげ，日増しにふくらみ，やがて花開いた．そして，メンバーの全員が揃う頃にはすっかり散り失せて，北の島の春は頂上から空へと消えていった．

左上：沓形から続く尾根道（26.VI.2005） 左下：崩落地にトラップを埋める（28.VI.2005/I） 中央下：斜面を見下ろしては辿れるルートを探した（26.VI.2005/I） 右上：掌のマックレイセアカオサムシ（26.VI.2005/I） 右下左：赤茶けた登山道はチシマザサとハイマツの中を進む（17.VI.2005） 右下右：登山道に列をなして見送ってくれたオオバナノエンレイソウ（25.VI.2005）

生息地

左頁／生息地から利尻山々頂方面を望む
（26.Ⅵ.2005）　上：トラップに入ったリシリノマックレイ
セアカオサムシはアラコガネコメツキによく似ている
（25.Ⅵ.2005）　右：調査中のひとこま（26.Ⅵ.2005）
下：谷底から湧き上がる雲は，山を，そしてマックレイ
をいっそう神秘的に見せた（21.Ⅵ.2005）

食べる

好んで食べるカラフトチャイロコガネ（21.Ⅵ.2005）　　クモの一種を食べる（飼育下　21.Ⅵ.2005）

中：カラフトチャイロコガネを食べる（飼育下　30.Ⅵ.2005）　　中：カタツムリを食べる（飼育下　22.Ⅵ.2005）
下：蛾の一種の蛹を食べる（飼育下　28.Ⅵ.2005）　　　　　　　下：クモの一種を食べる（飼育下　27.Ⅵ.2005）

カラフトチャイロコガネを食べる（飼育下 30.VI.2005）　　クモの一種を食べる（飼育下 27.VI.2005）

蛾の一種の幼虫を食べる（飼育下 28.VI.2005）　　カラフトチャイロコガネを食べる（飼育下 30.VI.2005）

礫地の石下に見られるマルトゲムシの一種は，足を縮めると小さな石粒となる（29. VI. 2005）

共に生き

ミヤマハンミョウ（25. VI. 2005）

カワカミハムシ（21. VI. 2005）

マックレイの生息地から望む礼文島．利尻とは

る虫たち

アラコガネコメツキ (17. VI. 2005)

ハナウドゾウムシ (21. VI. 2005)

芽を出したハイマツ (21. VI. 2005)

対照的になだらかな起伏が続く (17. VI. 2005)

ゾウムシに求愛するカラフトチャイロコガネ (21. VI. 2005)

秋の気配

左頁／つかの間の晴れ間に山頂が顔を見せた（18.IX.2005）　上：草丈の高くなった礫地にはダイセツタカネフキバッタやヒナバッタの仲間が見られた（18.IX.2005）　右：秋の雨に打たれるゴゼンタチバナ（20.IX.2005）　下：谷間から湧き上がる霧がたちまちあたりを包み，やがて雨がやってくる（18.IX.2005）

生息地を求めて…鬼脇

ダケカンバ林の住人，アオカタビロオサムシ（30.VI.2005）

季節に置き去りにされたフキノトウ（28.VI.2005）

断崖に咲くレブンコザクラ（28.VI.2005）

左頁／大小の石が横たわるヤムナイ沢の雪渓（28.VI.2005）

生息地を求めて…大空沢・利尻山山頂付近

どこまでも続く大空沢（三眺山手前より 2.Ⅶ.2005/I）

佐藤雅彦氏（左）と井村（右）（大空沢源頭 30.Ⅵ.2005/I）

たちこめていた霧が一斉に晴れ上がった．まるで我々を歓迎するかのように（大空沢源頭 30.Ⅵ.2005/I）

鴛泊コース9合目から見上げた利尻山北面（9.IX.2004）

親不知子不知では霧の中から突然落石が訪れる（9.IX.2004）

長官山の先，水平線にはサハリンが浮かんでいた（9.IX.2004）

5合目で夕陽を見送り，真っ暗な林を下った（9.IX.2004）

秋の夜　すべての調査を終えて沓形岬に一夜の宿を求めた

濡れた雨具やたっぷりと水を吸った登山靴を乾かしつつ見上げる利尻山の頂上を

次々と雲がかすめてゆく

月あかりに皓々と照らし出されるなか　海上に目を向ければ　うねりはとどまることを知らない

見つめながら　2年間の調査行を振り返る

胸に去来するのは　いまだ確かめ得ぬいくつかの課題だが

それらを包みこんで余りある心地よい充足感とともに

雲はとめどなく湧き　そして流れていった

(沓形岬　20.IX.2005)

第1章　発見

三重県熊野

　2004年5月のある日，筆者は久居市（当時）の秋田勝己氏，名古屋市の戸田尚希氏とともに，三重県南部の熊野界隈を訪れていた．その前年に新亜種として記載されたオオオサムシ属のニューフェイス，クマノヤマトオサムシとミハマオサムシの現地調査を目的とした採集行であった．いずれも既知の諸亜種から大きくかけ離れた分布を示す興味深い集団で，オサムシを研究対象とする者としてはぜひとも自らの手で調べておきたかったのである．

　さいわい，両種とも研究に必要なだけの材料を得ることができ，満足感と心地よい疲労感に包まれながら帰路についた車内でのこと．

　「ところで…」

　ハンドルを握りながら話しかけてきたのは戸田氏であった．

　「私のうちで月に2回ほど，虫屋さんたちが集まって情報を交換する会合を開いているんですが，じつは先日，利尻島で変わったオサムシを拾われた方がおられるというので，人を介して見せていただいたんです．最初に伺った話では，『金緑色で，胸と上翅のヘリが赤い』ということだったので，リシリキンオサムシを想像していたのですが，実物を見たらセアカオサムシふうの体型でした．かといって，ただのセアカオサでもないし…．ほんとうにこんなオサムシが利尻島にいるんでしょうか？」

　金緑色をしたセアカ風のオサムシ？

　いうまでもなく，利尻島は日本最北端の地に浮かぶ有名な離島であり，昆虫類の採集地としても昔からよく知られたところである．多くのオサムシにとって好適な緯度に位置し，恵まれた自然環境が残されているうえに，標高1,700mを越す利尻山を擁していることから，面積に比べ産する種類は驚くほど豊かで，これまでに7種ものオサムシが記録されている．そのなかでも金属光沢に富む美しい色彩をもつのはリシリキンオサムシとキタオオルリオサムシのふたつだけ．しかしながら，いかにコガネムシ類がご専門の戸田氏とはいえ，これらの顕著なオサムシと他のものとを見間違えるはずはない．

　いっぽう，ただのセアカオサムシは，たしかに利尻島から記録はあるが，その上翅はチョコレート色に近い暗褐色である．辺縁が金赤色あるいは虹色に細く縁取られてはいるものの，どんなに極端な個体変異であっても上翅全体が金緑色になるということはありえない．利尻島，とりわけ島の中央に位置する利尻山の高所は，日本のなかでも北方系の未記録の昆虫が発見される可能性を秘めた場所のひとつなので，話の出所が正確なものだとすればひじょうに興味深い情報ではある．実物はいったいどんな顔つきをしているのだろう？　そして，それは本当に利尻島で採れたオサムシなのだろうか？

メール添付画像

　仕事の合間に開いたラップトップが，なにやら重そうなファイルを受信している．ほどなくメール受信中の表示が消え，本文の下方に奇妙なオサムシの姿が映し出された．

　それは…まぎれもなく「日本にはいないはずの」オサムシであった．

　熊野への旅行から数日が経ったある日，戸田氏から件のオサムシのデジカメ画像が電子メールに添付されて送られてきた．小さい頭に短い触角とずんぐりした胴体をそなえた独特の体形，三角形に突き出た前脛節外側縁…．たしかにセアカオサムシ属の一員である．さらに，写真を見ただけでその種名まで判別するのもさほど困難なことではなかった．

　間違いない．

　マックレイセアカオサムシである．

写真1　戸田氏からの電子メールに添付されていた画像

ユーラシア北東部から知られている大陸系の種で，サハリンまでは分布しているが，もちろんこれまでに日本から記録されたことはない．この時点で筆者の受けた正直な印象は，ああ，大陸産の標本が利尻島で採れたという話になっているのだな，というものであった．まだ存じあげない標本の所有者や，善意で写真をお送りいただいた戸田氏に対してはたいへん失礼なことだが，こうしたいわゆる怪情報の類は昆虫界においてそう稀なことではなく，オサムシだけに話を絞っても筆者自身，これまでに数多くの例を経験している．曰く，岩手県の早池峰山で石起こしにより採れたというキバナガヒラタオサムシ，西表島の某牧場で採集されたという小型の黒いオオオサムシ，奄美大島あるいは屋久島で採れたというヒメオサムシ，さらに古いところでは鹿児島の川内(せんだい)で見つかったというカブリモドキの一種，等々‥‥．今まさにデジタル画像を目にしているマックレイセアカオサムシも，じつは大陸で採れた標本が利尻島産というふれこみになっているにちがいない．利尻島の昆虫相，とりわけオサムシ類に関しては，古くからずいぶんと熱心に調べられている．これほど顕著なものがもし本当に生息しているのであれば，これまでに発見されていないはずがないし，そもそもオサムシ類の調査精度の高さに関しては世界でもトップレベルにあるこの現代日本において，新種や未記録種が残されていることなど，まずあり得ない話だろう．先日の話を聞いてからというもの，自分としてはかなり入れこみ気味であったのだが，そのぶん一気に興ざめしてゆく気持ちを努めて抑えながら，戸田氏に返信する．

「お送りいただいた画像ですが，一見して大陸に分布するマックレイセアカオサそのものではないかという気がします．その場合，失礼ながら一番高い可能性は，大陸産の標本が巡りめぐって利尻産ということになっている，というパターンでしょう．もちろん，ほんとうに日本新記録として利尻島で採れたマックレイ，というケースもありえないことではありません．ただ，利尻島はオサムシの調査精度がかなり高い島ですから，これほど顕著なものがもしも本当に生息しているのなら，もっと昔に発見されているはずです．さらに，利尻には普通のセアカオサの記録があり，これまで海外でも混生の記録がほとんどないと思われる同属の2種が，狭い孤島内に同所的に分布しているということも考えにくいような気がしますが‥‥．いずれにせよ，本日帰宅後，うちにある各地のマックレイの実物標本と直接比較して，所見を再度お知らせします．万一，写真だけでも見分けのつく明らかな違いがあり，かつ利尻島で採れたことが事実だとすれば大事件なのですが‥‥．」

衝撃

　その日の夜，帰宅するなりさっそく世界のセアカオサムシ類が詰まった標本箱を引っぱり出し，写真のオサムシを各地のマックレイセアカオサムシの標本と比べてみた．種としての特徴は最初の印象どおり，やはりマックレイのそれと完全に一致する．海外，とくにユーラシア大陸北東部のマックレイには，混生する他種との収斂現象によって側縁部分を除く上翅の大半が紫色をしたものが多いのだが，写真の個体のように前胸背板と上翅側縁が赤，上翅中央が金緑色，というものも現れるので，これは個体変異の範疇とみてよいだろう．

　ところが，見比べてゆくうちに，どうもなにやら本質的な違和感が感じられてしかたがないことに気づいた．

　そう，件の個体は上翅がやけに細く，彫刻の雰囲気もなんとなく異なっているのである．

　マックレイという種は基本的にかなりズングリとして寸が詰まっており，しかも地理的変異に比較的乏しく，どの産地のものもほぼ似通った体形をもっている．しかしながら，写真の個体は♀であるにもかかわらず上翅の輪郭が各地の♂よりもさらにスレンダーで，とりわけ翅端部にかけての狭まりがゆるやかである．そのうえ上翅の第1次原線が細く明瞭な隆条列を形成し，第3次間室は対照的に極端に減退して小さい顆粒列となっている．大陸産のマックレイでは上翅のみっつの間室がもっと均等に隆起し，それらは互いに連結しあって網眼状に入り乱れた彫刻を形成することが多い．上翅彫刻のパターンから判断すると，それほど顕著な地理的変異を示すとはいえないマックレイのなかで唯一，独立した亜種とみなされている北朝鮮産のものに近いようにも感じられるが，北鮮亜種では第1次原線が大きいコブ状の隆起列に発達し，体形もはるかにずんぐりしているため，一見して見分けがつく．

だとするとこれはいったい….

考えを巡らせてゆくうち，背筋にスーッと冷たいものが走るのを感じた．件の個体が当初の印象どおり利尻ではなく海外で採れたものだとしても，それではいったいどこのものかということになると該当する産地が見当たらないのである．むろん，あらゆる場所のマックレイを検することができたわけではないし，極端な個体変異という可能性も残されてはいるが，写真のオサムシには少なくともこれまでに筆者が見ることのできたマックレイのどの個体群とも異質な「なにか」を直感的に感じる．やはり本当に利尻島で採れたものなのだろうか？　こうなったらなんとしても，標本の所有者から直接，お話を伺うしかあるまい．利尻で得られたことが事実だとすれば，かつそこに産する集団が今見ている写真と同じ特徴をもつものだとすれば，これはえらいことだ．

天野さんの手紙

さっそく戸田氏に連絡をとり，標本を所有しておられる方からのお手紙を転送していただいた．筆者は面識がないので，今回も戸田氏に仲介役となっていただいたわけである．標本の所有者は愛知県瀬戸市にお住まいの天野正晴さんという方で，いわゆる「虫屋」さんではなく，貝類の収集・研究をご趣味としておられる自然愛好家であった．自然や生き物全般に興味をおもちで，この年すでに還暦を迎えられたにもかかわらず，毎年のように全国各地の山に登り，自然に親しんでおられるナチュラリストだ．利尻島へは2001年の夏に旅行され，その際の詳しい行程表とともに，オサムシを拾われたときの状況が事細かに記された手紙を送っていただいた．例のオサムシは利尻山を登山中に赤茶けた登山道のうえでひっくり返っていた死体を偶然拾われ，フィルムケースに入れて記念に持ち帰られたとのこと．残念ながら詳しい地点までは覚えておられなかったが，「この虫はたしかに利尻岳で拾ったものに間違いはなく，それだけは断言いたします」という確信に満ちた言葉によって手紙は締めくくられていた．

几帳面に綴られた行程表や丁寧な文面を見ると，この記録が真実であることはもはやほとんど疑う余地がなかった．

ほんとうにいたのか，利尻にこんなものが…！

写真2 天野正晴氏（同氏提供）

とはいえ，われわれがいま手にしているのは，正確な採集地点のはっきりしないただ1頭の♀にすぎない．この標本と同様の形態をもつオサムシがほんとうに利尻島に生息しているかどうかは，すくなくともわれわれ自身の手によって追加個体が得られるまで安易に決めつけるべきではないだろう．すぐにでも利尻へ飛んで行きたい衝動に駆られたが，筆者にはあいにく，以前より計画してきた中国四川省への調査行がすぐ目前に迫っていた．さらに，利尻山は中腹より上部が国立公園の特別保護地区に指定されており，無許可で昆虫類を捕殺することは固く禁じられている．中国から帰りしだい，環境省と関連部署へ申請書を提出し，許可がおりるのを待って利尻へ飛ぶしかあるまい．

四川省成都

2004年6月5日，およそ2週間にわたる中国四川省中部での調査を終えた筆者は，同行してくれた永幡嘉之氏とともに，常宿としている成都市の岷山飯店に荷を解いていた．ちょうどわれわれとバトンタッチするかたちで，国立科学博物館の上野俊一博士ご一行が成都入りされた日でもあり，夕食をご一緒させていただいた後，おもむろに上野博士の部屋のドアをノックする．博士は，およそ15年前に筆者が本格的にオサムシの研究活動を始めて以来，論文の校閲その他でつねづねご指導を賜っている恩師であり，国立科学博物館の動物研究部長を務めておられた関係上，利尻の許可申請にお力添えをいただくうえで，これ以上ふさわしい方はないという立場にお

られた．

　利尻のオサムシに関する件をかいつまんでご説明し，ご協力をお願いしたところ，博士が調査を終えて帰国され次第，許可申請についてお力を貸してくださるとの快いお返事をいただくことができた．

第一次調査

　かくして申請から1ヶ月弱，上野博士のご尽力により，異例のスピードで利尻島の特別保護地区における調査許可を手にすることができた．

　いよいよ日本未記録のオサムシを求め，さいはての島へ向けて出発である．オサムシ屋冥利に尽きるとは，まさしくこのことを指すのであろう，未知のものに対する期待とロマンに満ちた調査行であったが，多方面に情報を漏らすわけにもいかないため，メンバーは最低限に絞った．まずは最初に情報を提供してくれた戸田氏，そして日本人としては数少ない大陸でのマックレイセアカオサムシの採集経験をもつ永幡嘉之氏である．上野博士には形式上，調査メンバーの代表者となっていただいたが，今回はわれわれ3名だけで渡島することになり，8月7〜12日，同19〜21日および9月7〜9日の3回，延べ12日間にわたる調査を行った．

　このときの調査内容については第2章に詳しく述べるので，ここでは多くを語らないことにする．いずれにせよ，わずか1♀ではあるが利尻山の上部においてマックレイセアカオサムシの採集にみごと成功し，同島における本種の生息が正式に確認されたのである．時まさに2004年8月12日午前9時30分 —— 長年オサムシをやっていても，一生に一度遭遇できるかどうかという感激の瞬間であった．

オフの活動

　われわれの調査によって得られた♀は，天野さんの拾われた個体のように美麗なものではなく，はるかに暗色で摩れてはいたが，細い体形や独特の上翅彫刻など外部形態上の特徴は最初の個体に見られたそれとみごとに一致しており，あきらかに既知の諸集団からの識別が可能と判断された．そこで，利尻島にマックレイセアカオサムシが生息していることを正式に報告すると同時に，外部形態の違いに基づいて同島の集団を新亜種として記載することとし，

その年の11月20日に小田原で開催された日本鞘翅学会第17回大会において，井村・戸田・永幡の連名により口頭発表が行われ，また，同日出版された日本鞘翅学会誌ELYTRA（エリトラ）誌上には井村による原記載論文が掲載された．天野さんが1頭の♀を拾われてから3年数ヶ月が経ったこの日，利尻島のオサムシはリシリノマックレイセアカオサムシ *Hemicarabus macleayi amanoi* IMURA, 2004 と名づけられ，わが国のオサムシ界に華麗なるデビューを果たしたのである．

　この第一次調査はほとんど公にされることなく進められたため，鞘翅学会における突然の発表は各方面に予想外の反響を呼んだようで，複数の昆虫関係の雑誌上において後日，その様子が驚きをもって伝えられた．それにしても虫屋の情報網とは恐ろしいもので，われわれが調査に入るかなり前の段階から，すでにいくつかのうわさが飛び交っていたようである．そのうちのひとつは「奥尻島でクビナガオサの新種が採れた」というもので，某コレクター氏の命を受けた採集人が実際に奥尻島に渡り，多数のトラップを仕掛けて採集を試みたという話まで耳にした．ことほどさように新種あるいは日本未記録種の魅力とは大きいもので，それがオサムシのように大型・美麗な種を多く含み，愛好家も多いグループとなるとなおさらである．裏を返せばこれは，発表と同時にいやでも密猟の問題に直面せざるをえなくなることをも意味する．なにしろ，戦後はじめて（！）発見された日本未記録のオサムシであるばかりか，本種の場合はそれに輪をかけて，きわめて美麗である点，

写真3　日本鞘翅学会第17回大会において講演する筆者（2004年11月20日；井村真澄撮影）

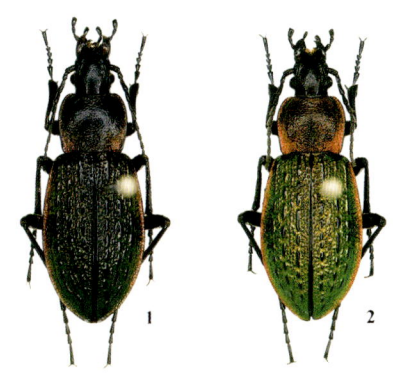

写真4　新亜種リシリノマックレイセアカオサムシの原記載論文が掲載された日本鞘翅学会誌 ELYTRA, 第32巻2号236ページ（2004年11月20日発行）（巻末の原著論文再録を参照）

生息範囲が利尻山の高所のみに限られている点など，マニアの収集欲を刺激する条件が十分すぎるくらいに揃った虫なのである．発見の喜びとともに，今後この種を巡って繰りひろげられるであろうさまざまな可能性を思うと，なんとも複雑な心境にならざるを得ないのであった．本種の保全と対策に関しては第3章第6節で改めて詳しく述べることにしたい．

かくして，マックレイセアカオサムシの本邦における生息が確認され，オサムシとしては戦後初の日本未記録種として俄然，各方面からの注目を集めることになった．とはいえ，調べることのできた標本はわずか2点の♀にすぎない．次なる目標は♂を発見し，その形態，とくに交尾器所見に基づいて利尻島の集団に対しより的確な評価を与えることである．さらに，同島における生息環境や生態，周年経過などについても，ほとんどなにもわかっていないに等しかった．これらの知見は科学的に重要であるばかりでなく，おそらくは利尻島の高所のみにかろうじて命脈を保ってきたであろう本種の保全とその対策について検討するうえでも，きわめて重要な基礎的資料となるのである．

これらの課題を解決するべく，次の年にはさらに広範かつ入念な調査を予定したのはいうまでもない．第一次調査に参加した3名を中心に再度，調査計画を立てたが，本種の生息している環境を考慮すると，どうしても現地事情に詳しい方や山歩きの専門家の助けを借りる必要があった．さいわい，筆者と親しい北海道大学博物館の大原昌宏博士から利尻町立博物館の佐藤雅彦さんをご紹介いただき，通常の登山コースでは入れないような利尻島核心部分の調査にもめどが立った．さらに，筆者の学生時代の後輩，塩見和之君もメンバーに加わってくれることになった．塩見君はロッククライミング歴30年になる山登りのベテランであり，なおかつ在学中は筆者とともにオサムシを探し歩いたこともある旧知の仲である．彼は長年培ったテクニックを駆使して，利尻山高所の危険な箇所を調査する際，われわれをサポートしてくれることになった．

こうして第二次調査の準備もちゃくちゃくと整い，あとは利尻山の雪どけを待つばかりとなった．

第二次調査

翌2005年の調査は6月中旬から開始された．前年1♀を得た地点を中心としてさらに探索の範囲をひろげ，鴛泊，沓形，鬼脇の3登山道沿いはもちろんのこと，利尻町立博物館の佐藤雅彦さんのご案内により，一般の観光客や登山者にはほとんど知られていないヤムナイ沢，大空沢の上流部においても調査を行うことができた．その結果，♂を含む12点の標本があらたに得られ，より詳細な分布状況や生息環境，生態が判明するとともに，飼育によりその幼生期の全貌をもあきらかにすることができた．

この第二次調査の結果は同年11月19日，倉敷で開催された日本鞘翅学会第18回大会において，井村・戸田・永幡の連名により口頭発表が行われ，同日出版された同学会誌 ELYTRA 誌上には井村による原著論文が掲載された．同論文では，♂とその交尾器所見を含む成虫の再記載，ならびに終齢幼虫の図示・記載が行われ，あわせて本種の分布や生息環境，生態についても解説がくわえられた．♂を含む複数個体について詳細に再検討したところ，利尻島の集団は外部形態，交尾器形態とも，他集団との間にやはり一定の差がみとめられ，独立した亜種とし

ての特徴を確かにそなえていることが再認識されたのである．また，より広範な調査の結果，その生息範囲はきわめて限られていて，前年の原記載論文において予報的に指摘されたとおり，本種が利尻山高所に残された特殊な環境のみにおいてほそぼそと命脈を保っていることはほとんど疑う余地がないという事実があらためて浮き彫りになった．

かくして，足かけ2年にわたる現地調査により，リシリノマックレイセアカオサムシはそのほぼ全貌をわれわれの前に現したのである．

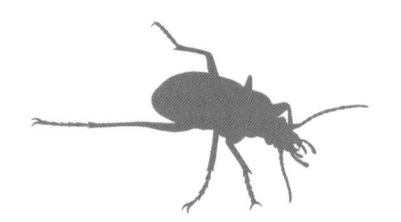

第2章　調査

1. 第一次調査（2004年8月7〜12日，19〜21日，9月7〜9日）

31年ぶりの利尻島

登山口ではかすかな霧雨程度にすぎなかった空模様は，標高を上げるにつれて加速度的に悪化し，山頂付近ではついに立っていることもままならないほどの暴風雨と化していた．

2004年8月7日．利尻での滞在期間を少しでも延ばすため，前日の仕事を早めに切り上げた筆者は，夕刻の千歳行きの便に飛び乗り，札幌発の寝台列車を利用して早朝6時に稚内着．一番のフェリーで鴛泊港から上陸し，レンタカーで登山口に到着したとき，腕時計の針はすでに午前10時を回っていた．

筆者にとってこの島は，大学1年の夏の終わりに訪れていらい，じつに31年ぶりということになる．当地が利尻礼文サロベツ国立公園の一部に指定される前年のことで，当時も今と変わらずオサムシ目当てのトラップコップをたくさん抱え，山麓の森を歩きまわった．鴛泊や沓形の登山口まではまだ舗装道路すら伸びておらず，町はずれからすぐにエゾマツやトドマツのうっそうとした森林が茂っていたことはおぼろげながら覚えているが，そのほかの記憶は薄れ，ほとんど脳裏から消えかかっていた．当時の様子を今も雄弁に語ってくれるのは，標本箱の中に収まったリシリオサムシやヒメクロオサムシ，オオルリオサムシといった，1973年のラベルがついた標本だけである．

当時は滞在日程も短く，特産のリシリオサムシさえ採れれば満足であったため，利尻山麓のごく狭い範囲で採集したにすぎなかったが，今回は事情が異なる．天野さんがオサムシを拾われた場所ははっきりしないが，これまで発見されなかったくらいだからありきたりの場所ではあるまい．標高の高いところを中心に，他の採集者がまず見向きもしなかったような環境を見つけだして，なんとかトラップを埋めなければならないのだ．

中腹の樹林帯を抜けると，登山道は切り開かれたハイマツの中を通るようになる．ところどころハイマツが途切れ，良好な下草の茂る環境が現れ始めた．

セアカ向きではないとわかってはいても，オサ屋としての長年の習性から，こうした場所にはついついトラップを埋めてしまう．セアカオサムシ類の生息していそうな裸地に近い環境は登山道沿いにはほとんど見当たらず，はなはだ不本意ながら道沿いのこうした場所にてんてんとトラップを埋めつつ山頂近くまで来たところで，ついに冒頭のような悪天候となってしまった．周囲の環境を見てトラップの設置場所を検討するどころの話ではなく，登山道から少しでも離れると命に関わりかねない状況に，本日のところはギブアップ．それでも，可能なかぎりのトラップをしつこく帰路にも埋めながら，疲れた足を引きずって夕刻6時過ぎに下山．宿に戻り，午後の便で到着した戸田氏と合流した．

生息地の手がかり

その後の2日間，利尻山は厚い雲に覆われ，平地でも強風が吹き荒れて，登山するにはあまりにも危険な状態が続いたため，戸田氏と二人で平地から低標高地を中心に調査を行った．生息地の大本命が利尻山の高所であることに違いはないのだが，より低い場所にある，いわゆる「セアカ向き」の環境もひととおり調べておこうということで，海岸沿いの荒地や草地，さらに鴛泊ポン山の頂上付近にある小規模な砂礫地などにも丹念にトラップを仕掛けてみた．しかし，当然のことながらマックレイの姿はまったく見られず，数箇所で「ただのセアカオサムシ」を発見できたにすぎなかった．

そして8月10日，未明から空はみごとに晴れわたり，絶好の登山日和到来である．この日は，前日到着した永幡氏も交え，3人で山頂を目指した．先日仕掛けたトラップを回収しつつ登ったが，マックレイはおろか，普通種のリシリオサ，ヒメクロオサすらほとんど入っていない．今回，特別保護地区において捕獲・殺傷の許可がおりているのは「未確認のオサムシ科の一種」だけなので，これらの混獲されたオサムシ類を持ち帰るわけにはいかないのが残念だが，せめて種名の確認だけはしておこうと，リリース前に丹念にメモをとる．

やがて山頂も間近になり，先日仕掛けたトラップもすべて回収し尽くしてしまった．やはりありきたりの場所ではだめなようだ．そう簡単に採れるものではないとわかってはいても，利尻山は登山コース以外，危険でほとんど踏み入る余地のない急峻な山である．これではほかにいったいどこを探せばよいというのだろうか‥‥．

先行した永幡氏が，ときどき携帯電話で連絡をよこしてくる．彼は山頂直下のお花畑やガレ場を調査しているようだ．戸田氏は下方にある草付きの斜面を調べている．今日は好天で周囲の環境がよく見渡せるので，筆者はなんとか登山道からはずれ，さんざん苦労したあげく，谷に向かって切れ込む急斜面の上部に出て環境を窺ってみた．通常ならば一般の登山者はまず近寄らないような，きわめて危険な場所である．

‥‥が，そこにはこれまで登山道沿いでは見たこともないような，丈の低い草本と地衣類だけがまばらに生えた砂礫の斜面が，急な崩落地の最上部にごく狭い範囲ながらテラスを形成していたのである．

ここだ！

長年にわたるオサムシ屋としての勘が，間違いないと告げていた．大急ぎで登山道まで戻り，ちょうど山頂から下ってきた永幡氏を呼び入れて，夢中で石の下や草の根際などを探しまわる．さすがになにも出てこなかったが，見れば見るほどセアカ向きの環境である．天野さんがオサムシを拾われた地点に近い場所かどうか知る由もないが，利尻山にマックレイがいるとすればこのような環境以外，ほとんど可能性はないだろう．しからば，とばかり，ここぞと思われるポイントに渾身の気合を込めてトラップを設置．なんとしても自ら結果を見たいところではあったが，筆者は翌日の午後には島を去らねばならない．後ろ髪を引かれる思いで，あとの回収作業を永幡氏に託すことにした．彼もこの環境には尋常ならざるなにかを感じとったとみえ，斜面を去るとき興奮気味にこう漏らした‥‥「私も登頂の際，周辺の環境にはずいぶん注意を払いながら歩きましたが，この場所には気づきませんでした．命名するとしたら，発見者の名前をとって，さしずめ"井村テラス"ですね！」．

ついに1♀を採る！

翌日，戸田氏と筆者は午後の便で島を離れるため利尻山に再度登る時間はなく，3人で平地に仕掛け

たトラップを回収してまわった．マックレイの姿はやはりどこにも見当たらない．こうなると，昨日仕掛けたテラスのトラップがなんとしても気にかかるが，翌日再度登山する永幡氏にすべてを託すことにした．

そして運命の 8 月 12 日．

この日，私は利尻島調査のために取った休暇のしわ寄せで朝から外来業務に忙殺されており，マックレイどころではなかったが，ようやく仕事も一段落した午後 1 時すぎ，あせる気持ちを制しつつ携帯を開いてみた．するとそこには，永幡氏からの運命のメールが待ち構えていたのである．

『イムラテラスニテ マックレイトル イチメス！』

写真 5 "井村テラス"（N）

発　見

　　宿から薄暗い空を見上げると，すっぽりとガスに覆われた利尻山の裾野だけが見えた．午後には飛行機で島を離れなければならない．二日前に痛めた膝は，曲げなければ痛みが和らいでいる．雨が心配だが，とにかく行けるところまで行ってみよう．

　　井村テラスと名づけたその場所に着いたのは 9 時過ぎだった．トラップをひとつひとつ回収する．

　　ヒメクロ，ミヤマハンミョウ，ヒメクロ，ヒメクロ，ヒメクロ，ヒメクロ･･･．

　　最後のトラップまであと少し，という頃だった．同じ大きさの影．またヒメクロかと思い，惰性で裏返した瞬間，眼に飛び込んできた緑色に赤い縁取り！

　　ギョッとした．

　　二日前．戸田さんと二人で「ホントにいるなんて信じがたいけれど，この山ならまあ何がいてもおかしくないですよね」などと悠長な会話をしていた．この利尻にきわめつきの美麗種が人知れず生息しているなんて，いくら信じろといわれても，話を耳にしてからわずか 2, 3 ヶ月では無理なことだった．そんな話は調査団長の井村さんには聞こえないように，もちろん小声でひそひそと．

　　手のひらのオサムシを見つめた．空を見上げた．周囲は真っ白，霧の粒子が足早に流れてゆく．声にならない叫びを上げた．周囲には誰もいなかった．そしてもういちどオサムシを見た．

　　撮影を済ませると，足早に下山した．またたく間に霧が晴れ，アサギマダラが谷から吹き上げられてくる．膝の痛みは気にならなかった．それよりも，早く成果を伝えたかった．

(N)

2. 第二次調査（2005年6月14日～7月12日，9月17～21日）

♂の発見と生息環境の把握

　この年の利尻島はゴールデンウィークにも降雪を見たほどで，春の訪れが例年より遅かったが，その後は着実に季節も進み，一般的な装備で利尻山に登頂できるようになった6月中旬から調査を開始した．まずは昨年1♀を得た場所を中心として，♂の発見に主眼を置いた調査を展開した．前節でも述べたように，ここは急峻な崩落地に隣接した斜面で，立ち入ることすらきわめて危険な場所であり，ベテランクライマー，塩見氏のサポートがおおいに役立つこととなった．その後さらに探索の範囲をひろげ，一般の観光客や登山者にはほとんど知られていないヤムナイ沢，大空沢といった主要な沢の源頭付近や，中腹より上部が現在，崩落により登山禁止となっている鬼脇コースにおいても調査を行うことができた．

　その結果，♂を含む計12点の標本を得ることに成功したが，当初の予想どおり，本種は利尻山高所の特殊な環境のみに依存しており，その分布はきわめて限られていることが改めて浮き彫りになった．また，生きた♀を持ち帰って飼育することにより，その幼生期の全貌をもあきらかにすることができたのである．♂の形態と分布・生息環境については次章を，また生活史については第2部をご参照いただくこととして，ここでは各調査地点のあらましについて述べておこう．

調査地点の概要

1）利尻山登山コース

　利尻山に登頂するには現在，ふたつのコースがある．もっともポピュラーなものは島の北側にある鴛泊から登る鴛泊コースで，現在，利尻山に登る人の

写真6　2005年度の調査メンバー（左から永幡，一人おいて井村，塩見．左から二人目は稚内自然保護官の野川裕史氏）

写真7　2004年と2005年の調査メンバー，戸田尚希氏

写真8　山頂に向かって列をなす登山者（N）

9割近くがこのコースを利用していると思われる．日本百名山の一番札所ということで，年間の登山者総数は1万人を超えるといわれ，シーズンには老若男女でごった返すきわめて大衆的なコースとなっている．標高230mほどの北麓野営場が登山口で，3合目の甘露泉までは整備された道を行く．道沿いの環境が針葉樹林からカンバ類の林へと変わり，6合目の見晴らし台の先，標高1,000m付近から視界が開け，1,218mの長官山に出る．少し先の避難小屋を過ぎると9合目から上は細かい火山礫の急斜面で，標高1,600m付近にある沓形コースへの分岐点より先はロープのある急なガレ場となり，狭い稜線上の道を辿ると標高1,719mの山頂（正確には北峰で，さらに先にある最高峰の南峰よりも2mほど低い）に至る．2004年から2005年にかけてのべ数回にわたり，本コース沿いで調査を行った．

もうひとつは島の西側にある沓形から登る沓形コースである．こちらは標高430mの見返台まで舗装道路が利用できるので，鴛泊コースにくらべて山頂までの直線距離は短いが，そのぶん登りは急である．登山口からしばらくはうっそうとした樹林帯の中の道で，周囲が笹とカンバに囲まれた緩斜面からハイマツへと変わり，1時間ほどで見晴台の避難小屋に着く．さらに斜面をトラバースし，笹の回廊を進んでゆくと，礼文岩と名づけられた岩の前を通る．狛犬の坂・夜明かしの坂と呼ばれる急斜面を経て稜線上をさらに登ると，標高1,460mの三眺山頂上に着く．眼前にはとつぜん，利尻山山頂直下の絶壁やロウソク岩，仙法志稜などが大パノラマとなって展開する．ここからさらに背負子投げ，親不知子不知といった難所を経て鴛泊コースに合流する．本コース沿いにおいても，2004年と2005年にのべ数回の調査を行った．

2) ヤムナイ沢

利尻島の南東部を流れる豊仙沢川の別名で，崩落の激しい上部は地獄谷と呼ばれており，源頭に近い最奥部には万年雪なる名称をもつ雪渓が年間を通じて残っている．最近になって，過去に存在した氷河の痕跡が発見されたことでも有名であるが，一般の登山者や観光客にはほとんど知られていない．登山道はつけられていないので，雪渓の末端までは沢沿いに歩いて到達するしかない．鬼脇林道を途中の砂防堰堤まで遡り，そこからゴーロ状の川原を歩く．雪渓下方の涸れた川原には地衣類の繁茂した岩礫が転がり，随所に砂地が見られ，ミヤマハンミョウが多い．やがて雪渓の下端に到達するが，両側は大きくU字形に侵食された脆い火山性土壌の崩落地とな

砂礫地の調査

2004年の後半は，8月下旬と9月上旬に2週間間隔で訪れ，ひたすら鴛泊コースをたどった．伐株をつつくクマゲラに驚きながら樹林帯を抜け，山頂を目指す．ここまでは，多くの中高年登山者に混じって，サンダル履きでスーパーの袋に飲み物だけを持った若者や，果ては「登山口に湧き水があったからガブガブ飲んできました」と手ぶらで登ってくる体力バカも多い．自転車で日本を縦断した若者が，終着点として稚内から流れてくるのだ．直下の9合目上方から沓形コースに入るとにわかに静かになり，親不知子不知を越えて三眺山に至る．台風の翌朝にルートが崩れ，斜面を大きく巻いて踏み跡をつけた日もあった．帰りは同じコースを引き返す．親不知子不知および鴛泊コース9合目の砂礫地が怪しいと思った．高山植物のお花畠も怪しいと思った．オニシモツケの高茎草原にも片端からトラップをかけた．すべての場所で多数のヒメクロオサムシが入り，コップを裏返すと茂みを目指して三々五々と走り去る．のそのそと歩いてゆくオオルリオサムシの姿も稀ではない．去ってゆくヒメクロを見送り，仰向けになってもがいているヒメクロも全部起こし，背中が緑色でないこと，赤い縁取りがないことを確かめた．最後の最後まで，どこもかしこも真っ黒だった．

どうやら北面の赤茶けた砂礫地にはマックレイはいない．採集した地点とは何かが違う．採集地点の周囲では，岩肌を下ってルートを探してみた．石を起こしてもヒメクロしかいなかったが，北面とは何かが違っていた．

岩の上にリシリヒナゲシの花が咲き残り，長官山の先にはサハリンの大地が見えた．遠い空を眺めながら，その「何か」をずっと考え続けていた．すでに草は黄色く染まり，吹き上げる風は冷気をはらんでいた．　　　（N）

っており，いたるところで落石が見られる．比較的土壌の安定した場所にはオニシモツケなどの高茎草原が侵入し，その後方は雪の重みで大きくしなったダケカンバやミヤマハンノキ，ナナカマドなどの林になっている．この一帯では2005年6月28日から7月1日にかけて，目視およびトラップによる調査を行った．

3) 鬼脇コース

　利尻山に登頂する登山道のひとつであったが，途中の崩落がひどく，中腹より上は現在，通行禁止となっている．鬼脇林道を辿れば，途中の沢が増水していない場合に限り車で3合目まで入ることができる．ここが本コースの登山口である．しばらくは緩やかな尾根上の刈り分け道が続くが，やがて背丈を超えるチシマザサのブッシュをかきわけつつジグザグの登りを強いられる急斜面となり，立ち入り禁止の表示とともにロープが張られた場所が2度にわたって現れる．ここを越えてなおも進むと，ハイマツ帯に入る標高900m過ぎあたりでやや開けた尾根上の砂礫地に出るが，そこから上は稜線自体が大規模に崩落し，登山道は消滅している．ここより先，どうしてもこのコースで山頂に辿り着こうとするならば，本格的な岩登りの装備にくわえて豊富な経験を有するメンバーと恵まれた天候が必須条件となるだろう．途中の砂礫地周辺にはリシリゲンゲが多く，火山性土壌の急な斜面には特産のリシリヒナゲシの可憐な姿を垣間見ることもできる．砂地にはミヤマハンミョウがたくさん飛び回っていた．この一帯では2005年7月1日から9日にかけて，目視とトラップによる調査を行った．

写真9　ヤムナイ沢下方の川原から山頂を望む

写真11　登山口付近からみた鬼脇コース

写真10　ヤムナイ沢上流，雪渓脇の調査地点

写真12　鬼脇コース中腹のガレ場にトラップを埋める（佐藤雅彦氏撮影）

4）大空沢

　大空沢は利尻山の南西麓にあり，仙法志第二稜と長浜稜の間を流れる大きい沢で，同山北東部の東ノ大空沢に対し，西ノ大空沢とも呼ばれている．沓形コースを三眺山まで登るとその全貌を見渡すことができる．あまりの長さと地図上に道も見当たらないことから，上流部の調査など思いもよらなかったが，利尻のすみずみまで知り尽くしている町立博物館の佐藤さんのご案内により，源頭付近の調査が現実のものとなった．上述のごとく，大空沢に沿った登山道はないため，砂防堰堤の工事用につけられた林道終点からゴーロ状の川原をえんえんと遡ることになる．途中，沢の左岸にはチシマザクラの自生地として有名な場所がある．上流部には初夏まで雪渓が残っており，その上を歩く形になるため比較的楽だが，季節の進行とともに雪どけは急速に進み，雪渓はやがて消滅して，この大きな沢も涸れ沢に近い状態となってしまうようだ．三眺山の真南あたり，標高およそ 1,000 m 付近で沢の上流部は左股と右股に分かれる．この分岐点には利尻火山の噴火のなごりを今にとどめる特徴的なロウソク形をした巨岩がいくつもそそり立っており，付近はいかにも利尻島の核心部にふさわしい幽玄な雰囲気をかもし出している．ここより上部は山頂直下の急峻な崩落斜面へと続くため，落石がひじょうに多く，アプローチはきわめて危険である．2005 年 6 月 30 日，筆者と佐藤氏の両名でこの沢筋の調査を行った．当日は主として目視による探索を行い，設置したトラップは後日，佐藤氏によって回収が行われたが，目標のひとつであったムカシゴミムシをはじめとする周極性分布を示す甲虫類のあらたな発見は残念ながらできなかった．

写真 13　大空沢源頭付近における調査

秋の雨

　春に雪渓をトラバースした先の草つきに，ガレ場を越えてもういちど渡ろうとした．ここは前年の秋にも恐る恐る渡っている．それほど恐怖心はない．が，今回は激しい雨の後だった．夜行で稚内に渡り，駆けつけた登山路には小川のように水が流れを作っていた．2005 年 9 月 18 日のことである．

　雪渓は，浮石の流れる崩壊地に変わっていた．足下の岩が浮いた感触に，とっさに足を引くと，大きな音が谷底に向かってどこまでもこだましていった．

　井村さんには「絶対に越冬成虫を見つけてきますから」と大見得を切って出発した．飼育容器の中ですでに石下に穴を掘り，潜っている成虫を見ていると，越冬成虫の撮影をするにはこの時期しかない，そしてそれができるのは私しかいない，という囁きが頭の片隅に生まれ，それは日増しに大きくなり，最後には石の下にぽっかりと開いた穴に鎮座する新成虫の姿がありありと浮かぶようになっていた．それなのに，現地では足場が確保できないことへの恐怖心を隠すことができなくなっていた．春には感じたことがなかったというのに．

　石の下には越冬に入るカワカミハムシが見られ，冷気で水滴をまとった姿は絵になったが，「明日撮ろう」と見送ってマックレイを探す．陽が射して温まった石の上ではヒナバッタの仲間が鳴き，ダイセツタカネフキバッタが交尾している．岩肌にはキベリタテハの姿も見える．すべて撮影は翌日に見送る．しかし，水槽の中と利尻山の頂上付近ではあまりにもスケールが違いすぎた．土を掘ることができない制約の中では，越冬成虫の発見は断念せざるを得なかった．

　翌日から 2 日半，ひたすら秋の雨と向き合うことになる．水滴からカメラを庇いながらの登山で，ほんの数分だけ陽が差した．立ち止まった私の前で，登山道を下ってきたイタチが驚いてこちらを見つめた．逆光に映えた毛並みと黒い瞳．荷物を下ろしてカメラを出すには，あまりに短いひとときだった．

（N）

第3章　リシリノマックレイセアカオサムシ

　本章ではリシリノマックレイセアカオサムシの形態と分布，生息環境，生態などについて詳しく解説する．また，わが国のオサムシ研究史上におけるその発見の意義についても触れておきたい．

1. 形態
成虫

　体長（大顎の先端から上翅端まで）は♂が 16.40 ～17.10（平均 16.75）mm，♀が 17.20～19.10（平均 17.73）mm．頭部は黒色で弱い赤銅色ないし緑色の光沢を帯び，色彩の発現は点刻や凹陥部の底部においてとりわけ顕著である．前胸背板は辺縁部分が強い金属光沢を帯びた赤銅色で，中央部は赤銅色ないし黄緑色を帯びた黒色．新鮮で発色の良い個体ではほぼ全面が赤銅色を呈するが，暗色の個体や老化個体ではほぼ黒色で辺縁と後角付近にわずかに赤銅色を帯びる程度となる．上翅は強い金属光沢のある金黄緑色のものから金赤色，赤銅褐色，暗緑色など個体によりさまざまな変化があり，辺縁はほぼ一様に金赤色で強い金属光沢を有する．上翅間室の隆起部分は黒色で光沢が強く，口器，触角，脚および腹面はほぼ一様に黒褐色で，側片や前胸前側板，胸腹板などの一部はかすかに虹色の光沢を帯びる．

　頭部は小さく，上唇前縁から頚部後縁（露出部分）までの距離は左右の複眼の最突出部外側縁間の距離にほぼ等しい．頭頂部はわずかにふくらみ，小点刻を疎にそなえる．前頭側溝は比較的浅いが明瞭に刻まれ，後縁は複眼前縁から前方1/3程度に達する．頚部背面中央にはやや粗大な点刻を，同側方にはより小さい点刻をそなえる．大顎は短く，背面には小点刻と不規則で弱い皺があり，内歯は左側のものが右側のものよりもやや大きく，左右とも先端は二股に別れ，後方突起が前方突起よりやや長い．口肢先端節の形態に性差は見られず，♂♀とも斧状にひろがることはない．下唇肢亜端節には基部よりに通常2本の剛毛をそなえ，下唇基節の中央歯は側葉よりも短く，三角形で先端は鋭く尖る．下唇亜基節には2～4本の長毛をもつ．触角は短く，♂では先端が上翅基部1/4に達する程度，♀ではそれよりもやや短い．

　前胸背板はやや横長の四角形に近く，幅は長さの1.2～1.3倍前後．最広部は中央より前方にあり，側縁はほぼ一様に緩やかな弧を描き，ときとして後角前方でごく僅かに波曲する．前角は鈍角で前方に向けてほとんど突出せず，後角は短いながら後方に突出し，先端は鈍く丸まる．前胸背板表面にはやや粗大で部分的に融合しあう点刻をよそおい，後方から側縁にかけては皺と点刻が融合し，不規則な凹凸状態を呈する．中央線はきわめて細く，部分的にやや不明瞭．基部凹陥は浅く，その表面は皺と点刻の融合によりいちじるしく不規則な凹凸状態を呈する．側縁には3～5対（通常4対）の側縁剛毛をもつ．

　上翅は細長く，長さは最大幅の 1.6 倍前後（♀）から 1.7 倍前後（♂）．最広部は中央より後方にあり，同部の幅は前胸背板最広部の 1.4 倍前後．側縁は最広部の前方でほぼ直線状か，せいぜいごくわずかに弧を描く程度．最広部の後方では丸く弧を描き，上翅端に向けて狭まる．肩部の鋸歯状突起はごく弱く，これを欠く個体も多い．上翅彫刻は3元異規的．第1次間室はもっとも強く発達し，小さくて比較的浅い第1次凹陥によりやや不規則に分断されて10片強ほどの細い隆条片列を形成する．第2次間室は第1次隆条よりも弱く，第2次凹陥により頻繁かつ不規則に分断された短い隆条列ないし粗大な顆粒列となる．第3次間室は一般にもっとも弱く，不規則な顆粒列で，しばしば隣接する間室隆起部と癒合し，不規則な網眼状の構造を呈する．この網眼状構造は上翅中央の会合線付近においてとくに顕著である場合が多い．

　前胸前側板は滑らかで，せいぜい不規則な弱い皺をみとめる程度にすぎず，腹部腹板側面には不規則な皺と点刻をよそおう．腹板には横溝があり，後基節の剛毛は2本（内側剛毛を欠く）．脚は同種の他亜種や同属他種に比べて長く，♂前付節は基部4節がひろがり，腹面には絨毛を密によそおう．

　♂交尾器：陰茎は細長く，全長にわたってゆるやかに弧を描き，先端部は細長く突出し，腹側に向けて軽く湾曲する．陰茎先端は側方から見ると鈍く丸まり，背側から見ると長三角形を呈し，より鋭く尖り，右側方からわずかに圧される．陰茎の膜状開口部は比較的狭く，長径は陰茎全長の約2/5におよぶ．葉状片は大きく，先端は顕著に，かつ左右ほぼ対称

写真 14　リシリノマックレイセアカオサムシ，♂，利尻山産　（×5.15）
Hemicarabus macleayi amanoi IMURA, 2004, ♂, all from Mt. Rishiri-zan of Is. Rishiri-tô in Hokkaido, northern Japan

写真 15　リシリノマックレイセアカオサムシ，♀（a, ホロタイプ; b, パラタイプ），利尻山産　（×5.01）
Hemicarabus macleayi amanoi IMURA, 2004, ♀, a, holotype; b, paratype, all from Mt. Rishiri-zan of Is. Rishiri-tô in Hokkaido, northern Japan

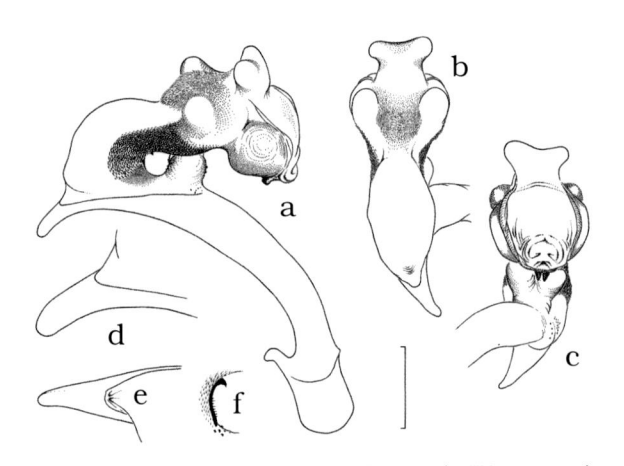

図 1 リシリノマックレイセアカオサムシ♂交尾器 —— a, 陰茎および完全に反転させた内袋（右側面）; b, 内袋（背面）; c, 同（内袋先端方向から）; d, 陰茎先端（右側面）; e, 同（背面）; f, 基斑（右側面）スケール：1 mm (a-c), 0.5 mm (d-f)　（井村原図）

に分葉する．基斑は色素沈着を伴う細長い硬化片で，その遠位端はあきらかに膜面から遊離し，先端は鉤爪状に鋭く尖る．内袋は基部側葉と中央葉を欠き，盤前葉は一対の弱い膨隆部を形成し，中間部分はわずかにふくらんで微毛を密によそおう．内袋盤は大きく，背側に向けて強く突出し，先端は分葉して右葉は左葉より大きい．傍盤葉はみとめられない．先端葉はあまり大きくなく，膨隆は弱い．脚葉は不明瞭．射精孔縁膜の硬化と色素沈着はともに弱く，三角形に突出した一対の小さい頂板を形成する．

♀交尾器：膣底部節片外板は矢はず形で，硬化は弱く，わずかに色素沈着をみとめる．同内板は細く痕跡的．

卵

乳白色で，産卵直後の大きさは長径 3.8〜4.5 mm，短径 1.6〜2.2 mm（平均 4.14×1.95 mm）．産卵後の経時的変化については第 2 部で詳述する．

幼虫

孵化直後の 1 齢幼虫は体長約 9 mm．白色で眼のみ黒色だが，数時間で全身が強い光沢を帯びた黒色となる．2 齢幼虫は脱皮直後の体長が約 12 mm，3 齢（終齢）幼虫は脱皮直後が約 18 mm，蛹化前には約 25 mm に達する．各齢の幼虫の形態は大きさの変化を除き基本的に同様なので，以下に 3 齢幼虫の形態を述べる．

基本的な形態と体表の剛毛式は，すでに知られている同属他種のそれに準じる．背面は黒色で強い光沢があり，大顎と脚は暗褐色ないし暗赤褐色．触角と口肢はアメ色で半透明，各節の末端部分は白色で透明に近い．

頭部は横長の四角形で，長幅比は約 1.4．眼の高さでもっとも幅広く，側縁は前方に向けてやや強く狭まり，眼の後方では左右ほぼ平行となり，後方に向けて緩やかに狭まる．鼻上板の前縁中央突起はいわゆる四歯型（LAPOUGE, 1929）で，前方に向けて長三角形に強く突出し，先端中央は V 字状に鋭く切れ込み，側縁に一対の小三角形の副突起をもつ．鼻上板の左右にある前角は中央突起とほぼ同程度に前方へ突出し，三角形に近い形の葉状の片となる．鼻上板の側縁剛毛は左右 3 対で，2 本は前方，1 本は側方にあり，板上には 3 対の短毛をそなえる．大顎は細長く，内側に向けて強く湾曲し，先端に向かってじょ

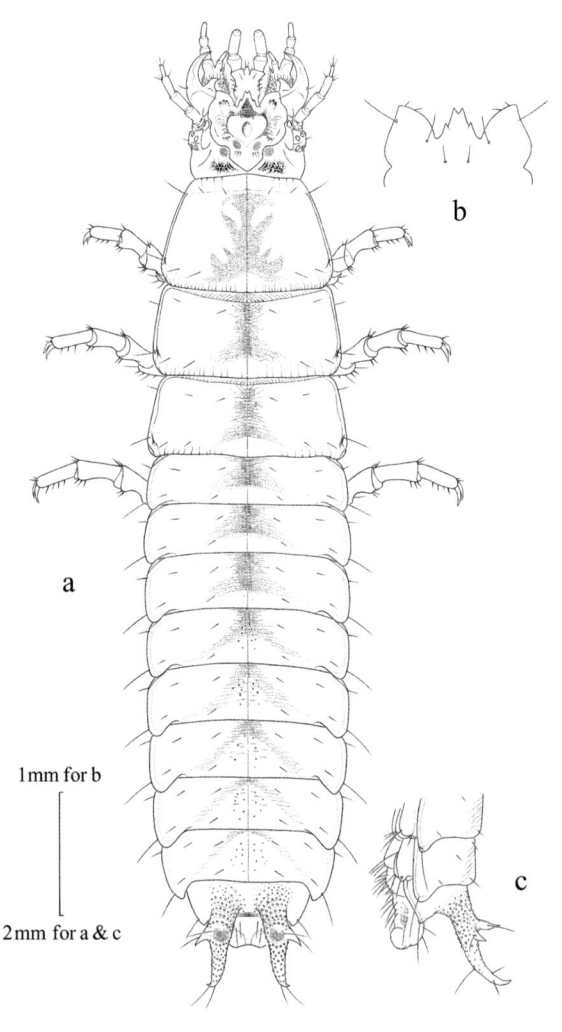

図 2 リシリノマックレイセアカオサムシ 3 齢（終齢）幼虫 —— a, 背面全景; b, 頭部鼻上板; c, 尾突起（左側面）（井村原図）

じょに細くなり，鋭く尖って終わる．左右の大顎は基部にそれぞれひとつずつの大きい内歯をそなえ，内歯はほぼ中央で基部に向かってやや急に屈曲し，先端は鋭く尖る．触角は4節からなり，第3節と第4節の遠位端には各3本ずつの短毛をそなえる．

前胸は背面から見て台形で，長幅比は約1.46．最広部は後角の前方にあり，その幅は頭部の約1.46倍．側縁は前方に向けてほぼ直線状に狭まり，前角はわずかに角張るものの前方には突出しない．前縁は中央でわずかに前方へ突出し，後縁はほぼ直線状か，あるいは全体にわずかに弧を描いて丸みを帯びる．前胸背板は強くふくらみ，表面は平滑で中央にこまかい皺と線条があり，左右の側縁に沿って顕著な溝を有する．左右2対の板上短毛と，同じく2対のより長い側縁剛毛をもつ．

中胸は横長の四角形で，長幅比は約2.25．後角の前方でもっとも幅広く，前角・後角ともに鈍く丸まり，側縁はほぼ直線状で，前方に向けてわずかに狭まる．前縁は幅広く縁取られ，左右の側縁に沿って狭いが深い溝をもつ．表面の剛毛式は前胸のそれに準じる．後胸も横長の四角形で，長幅比は約2.57．形態と剛毛式は中胸のそれに準じるが，後角はより顕著に後方に向けて突出する．

腹節背板の第1〜8節はやはり横長の四角形で，長幅比は第1節の3.98から第8節の2.93へと次第に低下する．側縁は，第1〜2節では後方に向かって次第にひろがり，第3〜6節では左右ほぼ平行で，第7, 8節では後方に向けて狭まる．各節の後角は三角形に近い形で，後方へと突出し，先端は鈍く丸まる．表面には左右4対の短毛と2対の長い側縁剛毛をもつ．各節は強くふくらみ，左右の側縁部はやや広く縁取られ，軽く上方に反る．正中線は細いが明瞭で，第3〜8節の表面には微細な点刻をそなえる．

尾突起は同属他種のそれに比べやや細長く，長幅比は約3.7．基部でもっとも太く，外側上方に反りつつ，鋭く尖った先端に向けて次第に細くなる．各尾突起の中央には外側と背側に2本の副突起があり，各副突起の先端は鋭く尖り，1本の剛毛をそなえる．尾突起の表面には粗大な顆粒を密によそおうが，先端ちかくには顆粒を欠き，3本の剛毛をそなえる．

2. 分布

利尻山の高所のみから得られている．分布はひじょうに局地的で，山頂近くのきわめて急峻な斜面に限られる．

3. 生息環境

利尻山高所に局在するきわめて急峻な砂礫地に生息し，同山の上部に普遍的に見られる高山雪潤草原（いわゆるお花畑），オニシモツケなどからなる高茎草原，ハイマツ帯，あるいは各所に点在するダケカンバやミヤマハンノキの矮性林などからは得られていない．本種の生息が確認されているのは，崩落地内あるいはその周辺に点在する小規模な急斜面である．ただし，崩落が進行し，たえず土砂が流動しているような，いわゆるガレ場には定着できず，地表が丈の低い草本類や地衣類によって覆われ，表層部が比較的安定した一種の高山風衝地に近い特殊な環境に強く依存しているようである．

本種の生息地でよく見られる植物には，サマニヨモギ・ヤマハハコ・コガネギク（キク科），イワギキョウ（キキョウ科），エゾヒメクワガタ（ゴマノハグサ科），シラネニンジン（セリ科），エゾノイワハタザオ（アブラナ科），エゾノタカネヤナギ（ヤナギ科），コケモモ・エゾノツガザクラ・エゾツツジ（ツツジ科），リシリスゲと思われるスゲの一種（カヤツリグサ科）などがあり，これにハイマツ幼木がまばらに混じる．しかしながら，これらは利尻山高所には比較的普通に見られるものばかりで，必ずしもマックレイセアカオサムシの生息地に固有の植物相と

写真16 リシリノマックレイセアカオサムシの生息地に見られたエゾノツガザクラの群落

写真 17 生息地近景

写真 18 地衣類の繁茂する地表（N）

いうわけではない．

　いっぽう，地表が地衣類によって優占的に覆われている点は大きい特徴のひとつといえよう．地衣類の同定はひじょうに難しいため，素人が野外でみかけただけでその種類までを正確に判断することは不可能であるが，おそらくハナゴケ科 Cladoniaceae ハナゴケ属 Cladonia のハナゴケ Cladonia rangiferina がその多くを占めているように思われる．

　ヨーロッパアルプスに生息する高山性のオサムシには，雪渓の脇のみに見られ，融雪とともに雪線を追うように生息地を移動させてゆく種がいるという話を聞いたことがある．リシリノマックレイにおいても，当初想定した生息環境のひとつは高山帯に残された雪渓脇であった．しかしながら，沢筋や窪地に残された雪渓は融雪するそばから雪潤草原や高茎草原へと変化してしまい，本種の生息に適した環境ではなくなってしまう．本種の生息地は雪渓とは異なり，微地形的にはむしろ尾根に相当するような場所である．そして，融雪後しばらくは水分が供給されるため本種の繁殖に好適な環境が提供されるが，

雪渓なのか礫地なのか

　6月中旬，満を持してやってきた利尻には一面に雪が残り，その間からエゾエンゴサクやヒメイチゲがようやく咲き始めていた．

　雪田と雪渓の区別がよくできていなかった．「雪の消え際から現れる」と想像し，山形の飯豊山などで見られる，水でひたひたの場所を思い浮かべた．しかし，6月の利尻であちこちにトラップをかけてみて，最初に雪田群落がないこと，雪の残りそうな場所にはリシリオサとヒメクロオサしかおらず，そこは夏にはオニシモツケの高茎草原になる場所に他ならないことを知った．マックレイのいる場所は，たとえ雪渓の消え残る際であっても，もっとも水はけのよい場所，そして真っ先に雪が消える場所である．あまりに早くから活動するので雪どけ水との関係に惑わされていたが，じつは乾燥地の住人だったのだ．

　数日でそのことに気づいてからというもの，分布確認はじつにはかどった．予想はだいたい的中した．確認できた場所に「永幡ランド」，「永幡ヶ丘1丁目」，「永幡ヶ丘2丁目」と命名してまわった．

　しかし，悔しいことがある．どの場所に入るにも「井村テラス」を通らずには行けないのだ．その場所で靴紐を結びなおすたびに，元締めがニヤリと笑っている気がする．そもそも，このテラスにトラップを埋めたのは私なのだが，その名は，井村さんが藪の向こうから手招きして「ここに少し埋めようよ」と指示されたことにちなむものなのだ．虫屋として"先にそれを見抜かれて指示された"ということが実に悔しい．

　時が過ぎ，マックレイが乾燥地の住人だということを確信したのは，最大限の注意を払って湿らせ続けた幼虫が続々と死ぬ一方で，サラサラの乾いた砂の中で無造作に飼育した幼虫がすくすくと育ってゆく姿を見た時だった．

（N）

夏場にかけての気温上昇と乾燥化のために，一般の植物は生育が制限されているように感じられる．

同所的に生息している昆虫として，まずオサムシでは適応範囲の広いヒメクロオサムシを挙げることができるが，発生期のピークが異なるため，両者が同時に得られることは少ない．リシリオサムシも一部で混生しており，ごくわずかながらオオルリオサムシも生息地周辺で見られる場合がある．しかしながら，アカガネオサムシ属のコブスジアカガネオサムシやエゾアカガネオサムシの生息は確認されていない．他科の甲虫では，ミヤマハンミョウがほとんど常に同所的に見られ，裸地には多数の幼虫が営巣している．ゴミムシ類ではキタマルクビゴミムシ，ミヤマゴモクムシ，ツンベルグナガゴミムシ，オコックアトキリゴミムシ，マルガタゴミムシ類などが観察される．また，アラコガネコメツキ，チビヒサゴコメツキ，カワカミハムシ，マルトゲムシの一種などをよく目にするが，一般に甲虫相は単調である．特筆すべきはカラフトチャイロコガネの多さで，晴れた日の午後には生息地付近の草地を無数の個体が飛び回っている．本種は，その発生のピークがマックレイセアカオサムシの繁殖活動時期とほぼ一致していることから，野外におけるマックレイセアカオサムシの重要な食餌資源のひとつとして利用されている可能性がきわめて高い．草の上にはフキバッタの仲間がよく見られ，スレート状の石の上には小型の蛾の一種がてんてんと蓑を作っている．

なお，昆虫類ではないが，地表や石下にはコモリグモ科 Lycosidae やワシグモ科 Gnaphosidae に属するクモ類がひじょうに多く見られる．

高橋（1999）によれば，利尻山山頂付近の年平均気温は氷点下 2.6℃で，これは島全体の年平均気温（6.8℃）より 9.4℃も低く，大雪山塊の同標高地点における年平均気温をもわずかに下回っており，同地の気候がいかに過酷なものであるかを物語っている．

4. 生態
食性

野外における摂食活動の観察記録はないが，飼育下において成虫はカラフトチャイロコガネ，小型の蛾の幼虫や蛹，コモリグモなどのクモ類，小型のカタツムリなどを好んで摂食した．また，与えれば生

写真19　白サシを食べるリシリノマックレイセアカオサムシ 2齢幼虫

肉（牛・豚など）や各種の果物（リンゴ・ミカンなど）も食し，釣り餌として市販されているブドウムシ（ハチノスツヅリガなどの幼虫）や白サシ（ヒツジキンバエの幼虫），あるいはクワガタ飼育用のゼリーなどもひじょうに好む．ただ，オサムシとしてはかなり小型の部類に属するうえ，大顎もそれほど発達していないので，生きた大きい獲物を襲って捕食することはできないようで，飼育下で生きた餌を与える場合には常に体表に傷をつけた状態で与えないと食いつくことができなかった．自然状態では，小型の幼虫や死んだ個体などを主な食餌資源として活用しているのではないかと推測される．

いっぽう，幼虫は成虫に比べて昆虫食への適応がより強いように感じられた．飼育下における観察では，代用食としてマメコガネの成虫をもっとも好み，ほかに白サシ，ブドウムシ，小型のバッタ類，トンボなども食したが，果物やクワガタゼリーには興味を示さなかった．マメコガネも生きた個体をそのまま与えたのでは捕食することはまず不可能で，前胸と腹部を切り離して与えると切断部分から体腔内に上半身を挿入し，腹節がふくれ上がるまで飽食した．

周年経過

成虫は融雪直後から活動を開始し，この時期に交尾・産卵を行う春繁殖型のオサムシである．季節の進行につれて急速に個体数を減じ，盛夏にはほとんど姿を消す．同属他種においてしばしば見られる夏場から秋口にかけての成虫捕獲個体数の再増加は，利尻島の集団においてはおそらく見られないものと

思われる．これは，利尻山高所では生息地が雪に覆われていない期間がせいぜい3ヶ月程度ときわめて短いことに起因する現象であろう．春先に得られるものにもかなり古く摩れた個体が混入しているので，成虫で2回の越冬を経て，足掛け3年間生存することもあるのかもしれない．

越冬態勢に入った個体を発見することはできなかったが，越冬態のひとつが成虫であることはおそらく間違いないだろう．利尻山の高所ではいわゆる夏場に相当する期間がきわめて短いことを考えると，その年の春に産卵された卵のすべてがシーズン中に羽化に至るとは考えにくいので，おそらくは幼虫による越冬も行っているものと推察される．また，第4章で述べるように，同属のヨーロッパセアカオサムシでは夏場に羽化した新成虫が蛹室内でそのまま越冬するという報告があるので，本種においても，少なくとも一部の個体では同様の生態が見られるのではないかと思われる．

2005年度の調査では，生息地内にある平たい石の下から，本種の蛹室と思われる窪みとその周辺に散乱した成虫の残骸が発見された（写真20, 21）．これは，蛹室内で羽化し一旦硬化した個体が，なにものかに襲われたか，あるいは越冬中に死亡したものであろう．

オサムシは一般に夜行性のものが多いが，本属の基準種であるヨーロッパセアカオサムシは昼行性であることが報告されている．本種の場合も，快晴の日の昼過ぎに地表を歩行中の個体を 2005 年度の調査メンバーが観察しており（写真22, 23），ほかにも午前中に活動していた複数の成虫が確認されている．金属光沢に富む美麗な色彩は，本種の昼行性を示唆する証拠のひとつといえるかもしれない．

写真20　蛹室（？）と成虫の死骸が発見されたスレート状の石

写真22　葉陰に隠れた日中活動中の個体（N）

写真21　石下に見られた蛹室とおぼしき窪みと成虫の前胸背ならびに左上翅

写真23　活動中の個体を観察する調査メンバー

5. 日本のオサムシ研究史上における今回の発見の意義

1960年代，京浜昆虫同好会オサムシグループの活躍により火がついてからというもの，幾度かのブームを経て邦産オサムシに関する知見はいちじるしく増大し，わが国は世界的にみてもオサムシの調査精度がきわめて高い国のひとつになった．その結果，あきらかな新種や未記録種の発見はもはやほとんど期待できないレベルに達していたというのが一般的な認識であろう．

表1は1900年以降における日本産オサムシの新種・未記録種発見の歴史をまとめたものである．ただし，現在では一般に独立種として扱われているものの，当初は種よりも下位の分類単位（亜種や型など）として記載されたもの（いわゆるヒメオサムシ類各種などにこの例が多い）は省いてある．わが国に産するオサムシの多くは19世紀末までに外国人研究者による記載が終了しており，表を見てわかるように，20世紀（1901〜2000）に種のレベルであらたに加わったものは戦前までに3種，戦後に5種を数えるのみである．

戦後に発表された5種のうち，ドウキョウオサムシは並外れて巨大な♂交尾器をもつという顕著な特徴をそなえてはいるものの，外見的にはごくありきたりのオオオサムシ属の一種にすぎないし，アワオサムシ・シコククロナガオサムシもそれぞれオオオサムシ・クロナガオサムシというごく類縁の近い姉妹種が存在する．オシマルリオサムシは新種として記載されたが，外部および交尾器の基本形態はオオルリオサムシのそれとほとんど変わらず，分子系統学的にみても両者のあいだにはほとんど差がない．オオクロナガオサムシに至っては，♂交尾器内袋先端にある頂板の形態によりかろうじてクロナガオサムシからの識別が可能になるというものである．

このように，過去半世紀のあいだに見つかったオサムシは，新種といえども，外見の酷似した近縁種から交尾器形態の違いに基づいて分けられたもの，あるいは研究者によっては亜種とみなす程度の差しかないものなどによってそのすべてが占められている．いわゆる正真正銘の未記録種となると，河野廣道により1936年に報告されたチシマオサムシ（ダイセツオサムシ）にまで遡ることになるだろう．すなわち，"これまでにまったく見たこともないオサムシ"がわが国から発見されたのは，じつに68年ぶりということになる．現代日本におけるオサムシ相の調査精度の高さを考えると，このように顕著なものがこれまで見つからずに残されていたというのは驚くべきことで，まさに「小さな奇跡」と表現するにふさわしいのではないだろうか．

今回の発見は，1973年に日高山脈南端のアポイ岳から日本未記録の蝶，ヒメチャマダラセセリがみつかった時の状況（北大昆虫研究会, 1975）に酷似しており，インパクトの強さからすれば，1983年に沖縄本島からヤンバルテナガコガネが発見されたときの驚き（水沼, 1984）に匹敵するものといえるだろう．

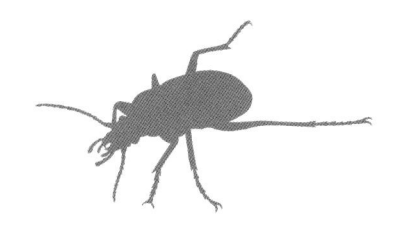

表1 日本産オサムシの新種・未記録種発見の歴史

2004	マックレイセアカオサムシ（IMURA）
1971	オオクロナガオサムシ（木村・小宮）
1968	オシマルリオサムシ（ISHIKAWA）
1960	シコククロナガオサムシ（神吉・溝口）
1960	アワオサムシ（神吉・溝口）
1960	ドウキョウオサムシ（ISHIKAWA）
［第二次世界大戦］	
1936	チシマオサムシ（ダイセツオサムシ）（河野）
1934	ミカワオサムシ（BREUNING）
1909	ホソヒメクロオサムシ（LAPOUGE）
1900	ツシマカブリモドキ（ROESCHKE）

6. 保全と対策

本種の生息地は利尻礼文サロベツ国立公園（1974年指定）の特別保護地区内にあり，同所において無許可で動植物の捕獲・殺傷を行うことは自然公園法第14条により固く禁じられているので，本来ならばこのうえさらに保全策を講じる必要などないはずである．しかしながら，いわゆる希少種と呼ばれる他の国産オサムシ各種の現状を鑑みると，必ずしも楽観が許されるとは思えない．

いくつか例を挙げよう．オオミネクロナガオサムシという暗色で見栄えのしない小型種がいる．独立種ではなく，北東日本に広く分布するコクロナガオサムシの1亜種にすぎないが，奈良県大峰山脈の特定のピークにしか生息していないため，稀種として珍重される．生息範囲が極端に限られているその他のオサムシ，たとえば三重県のウガタオサムシ，タキハラオサムシ，ミハマオサムシなども，愛好家の間で人気が高い．筆者は，過去に訪れたこれらオサムシの生息地のいくつかを近年になって再訪する機会があったが，大きな環境の変化がないにもかかわらず，個体数が激減している現状を目の当たりにして愕然となった．これは採集者が大量のトラップを断続的にかけ続けたことがその大きな要因となっている可能性が高い．邦産オサムシのなかでも，このように孤立した分布を示すオサムシに限って減少傾向が顕著であることは，長期にわたる採集圧の影響が無視できないことを暗に示しているといえよう．

とくべつ美麗でもなく，分類学的にも亜種レベルの違いしかないこれらのオサムシ類ですら，このありさまである．邦産オサムシとしては屈指の美しさを誇り，かつ種としては利尻島の高所からしか知られていない本種の場合，なにも対策を講じず，採集者の良識にまかせたまま放置されればどのようなことになるか…．結果は火を見るよりもあきらかである．たとえ自然保護地区内といえども，本種に目が眩んだ密猟者が採集に入るのは時間の問題であろう．そして，ただでさえ狭い生息地に多数のトラップによる"絨毯爆撃"がくわえられようものなら，生息環境が単純な場所だけに，おそらく本種はひとたまりもなく絶滅への道を歩むに違いない．

狭い範囲に孤立している個体群はひとたび激減してしまうと回復することはきわめて困難なので，本種に対してはあらゆる予防原則を適用して対策を講じておく必要がある．本種の生息環境そのものが人為的要因によって影響を受ける可能性はきわめて低いが，たとえば登山道整備などの際には表土をいたずらに流出させないような配慮が必要であろう．そして，それ以上に採集者による影響を視野に入れておかねばならない．絶滅危惧種や天然記念物への指定といった法的措置の整備も必要であろうが，予防原則からいえば密猟の監視と防止こそが重要な意味をもつ．学会での発表や本書の出版により，本種の入手に強い興味を抱いている人間は少なくないはずなので，しっかりした監視体制の確立は急務である．

本種は主として雪どけ直後に活動し，盛夏に向けて急速に個体数を減じてゆく．さらに野外で目視により発見することは至難の業であり，捕獲方法としてはもっぱらピットフォールトラップに頼らざるをえない．そう考えると，成虫の繁殖活動がさかんな時期に集中的に生息地の監視〜具体的には違法トラップのチェック〜を行うだけでも，ひじょうに大きい効果が得られるはずである．

こうした保全策については，稚内自然保護管理事務所や利尻町立博物館の担当者にもすでに意見として提出してあるし，筆者らも本種の行く末を見守る活動をできる限り続けてゆきたいと考えている．本書が「宝の地図」として誤用されることなく，本種の保全活動進展に向けて活用されるよう，切に願うばかりである．

写真24 リシリノマックレイセアカオサムシは急峻な砂礫の斜面に生息している

第 4 章　世界のセアカオサムシ属

マックレイセアカオサムシが所属するセアカオサムシ属は計 4 種からなり，その分布は北半球の広い範囲に及んでいる．本章では属の特徴について述べ，所属する 4 種について個別に解説をくわえることにしよう．

1. セアカオサムシ属について

セアカオサムシ属 Genus *Hemicarabus* は 1885 年，フランスの昆虫研究者ジェアン J. B. GÉHIN により設立された上位分類単位で，基準種はヨーロッパに産するヨーロッパセアカオサムシ "*Carabus*" *nitens* LINNÉ である．

2. オサムシ亜族中に占める位置

オサムシ亜族 subtribe Carabina (＝いわゆる狭義のオサムシ) の上位分類体系には諸説あるが，本書ではミトコンドリア DNA を解析して得られた分子系統樹に基づく IMURA (2002) の体系に沿って話を進めることにする．この体系によれば，世界のオサムシは 29 群 137 属に分類され，セアカオサムシ属は 1 属のみでセアカオサムシ群 Hemicarabigenici という独立した一群を形成する．

欧米の研究者の間では，現在もオサムシ亜族を 1 属 *Carabus* とみなし，その下に多数の亜属を設ける分類方式を採用する場合が多く，この方式のもとでは，セアカオサムシ類は広義のオサムシ属のなかの 1 亜属，すなわち *Carabus* (*Hemicarabus*) と表記されることになる．

3. 属の基本的特徴

本属に含まれるオサムシは，いずれも小型でずんぐりとした体型をもち，口肢，触角，脚は短い．

頭部は比較的小さく，複眼は大きく，強く側方に突出し，大顎は短く，表面には比較的顕著な皺と点刻をそなえ，下唇肢亜端節には 2 本の剛毛があり，下唇基節は平凡で，同亜基節は有毛．触角第 2 節と第 3 節の基半部は強く平圧され，内側縁が稜状になる．

前胸背板は比較的大きく，長さより幅の広い四角形で，側縁後方はほとんど波曲せず，後角は幅広く後方へ突出し，先端は丸い．上翅は肩部が強く張り出し，同部の側縁には鋸歯状の切れ込みをもつ場合が多く，彫刻は 3 元異規的．

陰茎は細長く，穏やかに弧を描いて腹側に湾曲し，葉状片は単葉または双葉で，内袋は細長く，基斑は縦軸に沿って細長い板状に硬化し，遠位端は膜面から遊離して嘴状ないし鉤爪状に鋭く尖る場合が多い．基部側葉，側舌，中央葉などを欠き，射精孔縁膜は短三角形の小さい頂板を形成する．♀交尾器膣底部節片外板は長方形ないし矢はず形で，同内板は痕跡的．

腹板には横溝がみとめられ，後基節の剛毛は 2 本で内側剛毛を欠く．

前脛節の先端は外側前方に向けて三角形に尖り，先端は棘状に突出する．♂の前付節は基部 4 節がひろがり，腹面に絨毛をよそおう．

幼虫頭部鼻上板の形態は四歯型 quadricuspide.

4. 分布

ユーラシアおよび北米大陸に分布し，周辺島嶼としてはグレートブリテン島，アイルランド島，サハリン，日本列島およびその附属島嶼，済州島などから記録されている．

5. 分子系統

本属に属する 4 種すべてについて，ミトコンドリア ND5 遺伝子を用いた分子系統解析が行われている (Su et al., 2000)．それによると，ユーラシア大陸に産する 3 種 (ヨーロッパセアカオサムシ，セアカオサムシ，マックレイセアカオサムシ) は同一のクラスターに含まれるうえ，分化してからの年代も短く，互いに類縁が近いものと推察される．いっぽう，北米大陸のホクベイセアカオサムシは，これら 3 種の外群に位置し，やや遠縁であることが判明している．ユーラシア産の 3 種は，外部形態のうえからはあきらかに別種として識別されるほど異なっているが，交尾器や幼虫形態，さらに分子系統の観点からみると互いにひじょうに近縁で，その分化の歴史はごく浅いものと推定される．おそらく，種分化に伴う形態的変化がひじょうに早く，しかも顕著に起こるタイプのオサムシなのだろう．

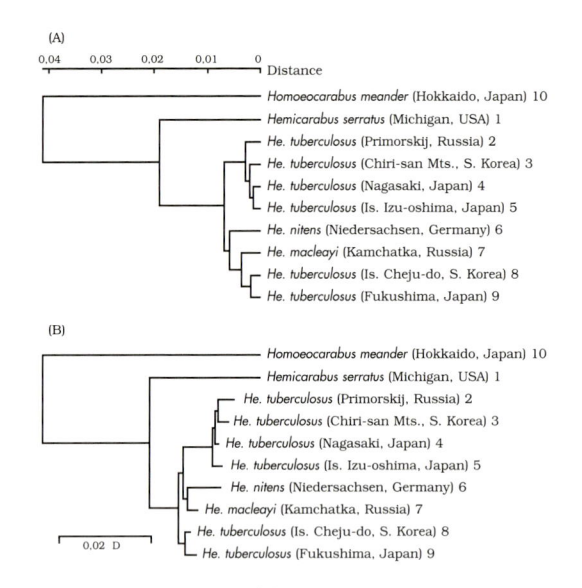

図3 ミトコンドリアND5遺伝子を用いたセアカオサムシ属4種の分子系統樹：A, UPGMA；B, NJ法（Su et al., 2000より）

6. 各種の解説

1）ヨーロッパセアカオサムシ *Hemicarabus nitens* Linné, 1758

分類学の祖，リンネにより250年近くも前に記載された本属の基準種で，小型ながら美麗なオサムシとして古くからよく知られている．ヨーロッパの中北部から西シベリアにかけて分布しており，分布や生息環境，生態に関しても数多くの報告がある．ヨーロッパ北西地域においては近年，生息環境の変化に伴い，個体数の減少が著しいという．

形態：体長は13〜18 mmほどで，本属のなかではもっとも小型の部類に属する．頭部・前胸背板，上翅側縁は金赤銅色に強く輝き，上翅背面は金緑色を呈するが，全身が赤褐色のものや黒褐色を強く帯びた個体も出現する．頭部背面には小点刻を疎にそなえ，前頭側溝は浅く，複眼は本属としてはやや小さい．触角はひじょうに短く，♂♀ともに先端が前胸背板の後縁をわずかに越える程度．前胸背板の膨隆は比較的強く，基部凹陥は浅く，後角は短くその先端は丸まる．上翅彫刻は同属各種のなかでもっとも顕著な異規的状態を示し，第1次間室のみが太く強くほぼ連続する隆条を形成し，第2次および第3次間室は退化的で，上翅背面には不規則な横皺が強く刻まれる．

幼虫の形態は Laynaud（1975–'76）や Arndt & Makarov（2003）などに図示・記載されており，幼虫頭部鼻上板の前方突起はマックレイセアカオサムシのものに比べ切れ込みがより深い．

変異：背面の色彩や上翅彫刻などに個体変異が見られるものの，あきらかな地理的変異には乏しいため，一般に複数の亜種に分割されることはなく，単型種とみなされることが多い．

分布：ヨーロッパ中・北部〜シベリア西部，スカンジナビア半島（南部および北部の一部），グレートブリテン島（中・北部），アイルランド島（北東部）．

生息環境：一般に湿原や泥炭地といった湿地的な環境を好み，湿潤なヒースの草原などでヨーロッパマークオサムシと混生していることが多いが，その一方で乾燥した砂丘や松の疎林などからもしばしば見出されるという．

生態：春繁殖型のオサムシで，北西ヨーロッパにおいては繁殖活動は早春，遅くとも4月後半までには開始され，ピークは5〜6月頃にあり，活動中の成虫はその後8月頃まで見られ，9月には越冬態勢に入るという．中部ヨーロッパでは成虫は3月から9月にかけて見られ，5, 6月に顕著なピークを示し，秋期に活動する個体はごく少数であるという．また，新成虫は蛹室内でそのまま越冬するという興味深い報告（Larsson, 1939）がある（われわれがリシリノマックレイセアカオサムシの生息地において石下に発見した状況（写真21）は，まさにこれに準じたものと思われ，蛹室内で羽化後，なにものかに襲われたか，越冬中に死亡したものと考えられる）．1齢幼虫は5〜6月，3齢幼虫は7月に出現するといわれ，発育速度は比較的早く，孵化から羽化までの期間は35〜40日だという．7月下旬に蛹化したという報告

写真25 ヨーロッパセアカオサムシ ── a, ♂；b–c, ♀（北ドイツ産）

があり，新成虫は夏場に見られることが多い．北ドイツ，リューネブルガー・ハイデ地方にあるヒースの草原に生息する集団において，♀の腹部を解剖し，卵巣の成熟状態を調べたところ，春期に見られる個体の多くはすでに交尾を終えており，生後1年半以上を経過したものであったという報告がある（ASSMANN & JANSSEN, 1999）．

成虫は飼育下では比較的雑食性で，生肉，ひき肉，ミミズ，魚，リンゴなどを食し，野外では蛾の幼虫を捕食していたとの報告がある．幼虫の食性に関する報告は見当たらないようである．冬期にオサ掘りによって得ることは難しく，北ドイツなどでは主として荒地や湿原に仕掛けたトラップにより採集するという．

2) セアカオサムシ *Hemicarabus tuberculosus* DEJEAN et BOISDUVAL, 1829

わが国にも広く分布するよく知られた種で，利尻島からマックレイセアカオサムシが発見されるまで，邦産オサムシとしては唯一の本属の構成要因であった．基準産地は"Altai"（アルタイ地方あるいはアルタイ山脈の某所と思われる）で，FISCHER（1827）により当初，*tuberculatus* という種名のもとに記載されたが，この綴りはすでにヨーロッパ産のコブスジアカガネオサムシ "*Carabus*" *cancellatus* に対して使用されており（DEJEAN, 1826），ホモニム（異物同名）となって使用できないため，DEJEAN & BOISDUVAL (1829) によって *tuberculosus* という置換名が与えられている．

ユーラシア北東部とその周辺島嶼に分布し，わが国においてはほぼ全域に広く分布しているが，一般に生息密度は高くなく，記録は散発的な場合が多い．

形態：体長 16～23 mm．本属としてはやや大型．前胸背板は赤銅色ないし赤褐色を呈し，これが「セアカオサムシ」の名の由来となっている．頭部と上翅側縁も同様の色彩を帯びるが，頭部はより暗色になり，上翅側縁は緑色光沢を帯びることもある．頭部の皺と点刻は比較的顕著で，複眼は大きく，前頭側溝は広くないものの皺を伴って比較的顕著に刻まれる．触角は本属としてはやや長めで，♂では先端3節が前胸背板後縁を越す．前胸背板はほぼ一様に密に点刻され，辺縁部では皺状．前角・後角とも強く丸まる．上翅第1次間室は楕円ないし長楕円形の大きい瘤状隆起の列となり，第2次間室はそれよりもはるかに弱い細隆条ないし顆粒列，第3次間室は不規則な小顆粒列で部分的に認識が困難．上翅背面には不規則な顆粒を比較的密によそおう．前胸前側板は前方と後方に小点刻がみとめられ，中胸～後胸前側板は強い皺と点刻をよそおい，一部小顆粒を伴う．腹部腹板側面には弱い皺と大きく浅い点刻がある．陰茎は中央部が同属としては比較的直線的に伸張する傾向にあるようだが，個体差も大きい．内袋の基斑は遠位端が同属他種ほど顕著な鉤爪状を呈さず，より平坦な長板状の硬化片となる．内袋盤は先端が分葉し，左右対称なふたつの角状隆起となる．

幼虫の形態について正式に記載されたものは見かけないが，杉江・藤原（1981）によれば頭部鼻上板前方中央の突起は同属他種と同じく四歯型で，マックレイセアカオサムシのものよりも突出が弱い．

変異：地理的変異には比較的乏しく，すべての集団を基亜種とみなす扱いが一般的であるが，北海道産の個体には上翅第1次間室の瘤状隆起がやや大きくなるものが多く，朝鮮半島南部には全身に強い金赤色の金属光沢を帯びたものが見られる．

分布：ユーラシア大陸ではシベリア南西部～極東ロシア，中国東北地方，朝鮮半島などにかけて分布し，周辺島嶼としては済州島，サハリン，日本列島から記録されている．わが国においては北海道，本州，四国，九州の主要4島のほか，利尻島，天売島，焼尻島，奥尻島，渡島大島（＝松前大島），渡島小島（＝松前小島）（以上，北海道），粟島，佐渡島（以

写真26 セアカオサムシ —— a, ♂；b, ♀（利尻島産）

上，新潟県)，伊豆大島（東京都）などから記録がある．

生息環境：一般的なオサムシの好む下草の豊富な環境にはあまり見られず，丈の低い草本類がまばらに生えたような荒地や裸地に近い環境を好む傾向がある．わが国では，山頂部に近い比較的平坦な自然草原や火山岩裸出地，松の疎林などに生息しており，河川敷，芝生，牧場やスキー場の縁といった人為的な環境に見られる場合も多い．道路の側溝から得られたり，あるいは台風による大水の後に河口近くの岸辺にある草むらや溜まったゴミの下から見出されることもある．垂直分布の範囲は海抜0mに近い低地から2,500mを越す高標高地域に至るまで幅が広い．海外での生息環境に関する知見は少ないが，朝鮮半島などではススキなどの生える乾燥した荒地的環境や松，栗などの疎林でカブリモドキ類などとともに得られることが多いようである．

生態：春繁殖・成虫越冬型のオサムシと考えられる．北海道や本州では5月頃冬眠から覚め，交尾の後，6月頃より漸次産卵を始め，新成虫は8月中旬～10月頃にかけて見られることが多い．成虫は灯火の下で蛾を捕食しているものや，側溝の中でヒシバッタらしきものを咥えて走っているものなどが観察されており（桜井ら，1989），幼虫は各種の鱗翅目幼虫，とくにヨトウガの幼虫を好んで捕食するという（井上，1953）．非公式の論文ではあるが，杉江・藤原（1981）によれば，飼育下において幼虫はゴミムシ成虫を餌として3齢まで飼育できたということであり，同属各種の食性から考えても，基本的には節足動物食（主として昆虫類の成虫および幼虫など）であろうと考えられる．

冬期には土中あるいはごく稀に朽木中で越冬することが知られている．一般にオサ掘りによって得られることは少ないが，草地や牧場の辺縁にできた崖や畑脇にある盛り土などから偶発的に掘り出されることがあるほか，年に数回冠水するような河川敷内の，ヨモギなどの生えた砂礫の混じる土壌から，比較的まとまった数の個体が掘り出された例（永幡，1995）もあるようだ．

3）マックレイセアカオサムシ *Hemicarabus macleayi* DEJEAN, 1826

本書の主役であるこの美麗種は，フランスの昆虫学者ドゥジャン P. F. M. A. DEJEAN により 1826 年，"Species général des Coléoptères de la collection de M. le comte DEJEAN" という題名の 500 ページ以上に及ぶ論文のなかで新種として記載された．原記載で指定された基準産地は "Daourie" で，これは現在のシベリア南部にあるダウリヤ Daurija のことである．

形態：体長15～20 mm．一般に背面が暗青紫色で前胸背板と上翅側縁部は外側から内側に向けて赤銅色～黄色～緑色～緑青色へと変化する虹色の金属光沢を有するものが多いが，前胸背板と上翅側縁が赤銅色で上翅背面が金緑色を呈する個体ないし集団も現れる．成虫の外部・交尾器形態，幼虫の形態などについては第1部第3章で述べたので，詳細は省略する．

地理的変異：本属の構成要素のなかでは比較的顕著な地理的変異を示し，3亜種に分類される．さらに，まだ詳しく検討されてはいないが，カムチャツカ半島に産する集団も独特の特徴をもっている．

（1）基亜種 subsp. *macleayi* DEJEAN, 1826

シベリア南部のダウリヤから記載されたもので，タイプ標本（♀，写真27 a，体長15.4 mm）は現在，フランスのパリ自然史博物館に保管されている．比較的小型で，前胸背板と上翅が紫色，辺縁が虹色を呈する色彩型のものが多いが，上翅が緑色で側縁が赤銅色の個体も出現する．同所的に分布するフンメルカザリオサムシ，ウスリーキンオサムシの2種との間にしばしば顕著な収斂現象を示し，これら3種で色彩のパターンが酷似する場合が多い（写真28, 29）．上翅彫刻は，みっつの間室が比較的均等に隆起し，互いに連結しあって不規則な網眼状構造を呈する傾向が強い．陰茎先端は，長さ・湾曲の程度ともに以下の2亜種の中間的状態を示す．ユーラシア大陸の北東部に比較的広く分布し，ヤクート地方など，かなりの高緯度地域にも生息しているが，記録は散発的で，未調査の部分も多く残されている．

アムール河の河口近くにあるデカストリから記載された var. *splendidulus* (SÉMENOW, 1888) は，単なる一色彩型に対して与えられた名称と考えられ，基亜

写真 27 世界各地のマックレイセアカオサムシ —— a–m, 基亜種. a, ♀（ホロタイプ）, ダウリヤ；b, ♂, ネルチンスク；c, ♂, チタ；d, ♂, ザバイカリエ；e, ♂, ヤクート；f–g, ♀, ゴルヌィ（アムール）；h, ♀, ハバロフスク；i, ♂, サハリン；j, ♂, クリュチェフスカヤ山（カムチャツカ中部）；k, ♂, バシュカヘッツ山（カムチャツカ南部）；l, ♀, 同；m, ♂, 同：n–o, 北鮮亜種. n, ♂, オンポ（北朝鮮）；o, ♂, 白頭山（北朝鮮）—— a, パリ自然史博物館蔵；b–d, 科学アカデミー動物学研究所（サンクト・ペテルブルク）蔵；e–h, j, k, 井村有希蔵；i, 川田光政蔵；l–m, 千葉県立中央博物館蔵；n–o, 水沢清行蔵　（×3.64）

57

種のシノニムとして処理される場合が多い．

※カムチャツカ半島産の集団

　カムチャツカ半島に本種を産することは古くから知られている．検することのできた個体は多くないが，上翅背面は金緑ないし金赤色で，第1次原線が比較的よく目立ち，第2，第3次間室の隆起部は独立した隆条としてみとめられる傾向にあり，互いに融合して複雑な網眼状構造を呈する頻度が低い．将来，より多くの標本を検することができれば，固有の形質をもった地域集団として分割する必要が生じるかもしれない．半島南部にあるバシュカヘッツ山麓において本種を採集した斉藤（2000）によれば，8月上旬にもかかわらず現地周辺は雪渓が融けたばかりの早春状態で，現地にある湖の岸から1～2 mのところに仕掛けたトラップによりハンミョウモドキの一種とともに得られたという．これらの種は林内には見られず，水辺近くのかなり湿った環境に生息していたということである．

（2）北鮮亜種 subsp. *coreensis* BREUNING, 1933

　世界のオサムシ研究者が座右の銘と仰ぐ不朽の名著，"オサムシ属のモノグラフ"のなかで，当時オサムシ学の世界的権威であったブロイニング S. BREUNING により記載された分類単位である．基準産地は "Korea, Mts. Paik-to-san" で，これは現在の北朝鮮と中国吉林省との境界上にある白頭山のことであろう．場所がら，最近の追加記録は皆無であるが，ブロイニングコレクションを擁するアムステルダム動物分類学研究所には数十頭におよぶ北鮮産の標本が保管されており，現地における個体数は少なくないものと推測される．

　体長は17～18 mm前後．基亜種とほぼ同様ないしやや大きめの個体が多いようで，筆者の検することができた標本に関する限り，色彩は上翅が金緑色，前胸背板と上翅側縁が赤銅色のものばかりであった．体形はずんぐりしており，上翅は先端に向けての狭まりが急で，上翅彫刻は第1次間室が大きい瘤状隆起列となり，第2次，第3次間室は小顆粒列に減退する．陰茎先端は細長く，腹側への湾曲は弱い．

　白頭山は利尻島と同じく火山の噴火によってできた山塊であるため，おそらくは火山性の土壌の上にひろがる地衣類に覆われた裸地的環境に生息しているものと推察される．しかしながら，現地における採集・観察の記録がないので，その詳細に関してはまったく不明である．

（3）利尻島亜種 subsp. *amanoi* IMURA, 2004

　本亜種の詳細については第3章をご参照いただきたい．利尻島の高所からごく最近になって発見された集団で，これまでのところ基準産地以外からの記録は知られていない．♂♀ともに体形が細身で，触角や脚が長く，上翅彫刻は第1次原線が細いながら強く隆起し，小顆粒列に減退した第3次間室隆起部との間に明瞭なコントラストを示し，陰茎先端部がやや太短い，といった特徴により他の集団から容易に識別される．色彩は個体によりかなり変異が見られるものの，基本的に上翅が金緑色，前胸背板と上翅側縁が赤銅色のものばかりで，大陸産の集団によく見られる上翅が紫で辺縁が虹色をした個体はこれまでのところ発見されていない．本種の色彩は，他種との収斂現象によって変化しやすいように思われるので，こうした利尻島亜種の色彩パターンは，上翅が紫色になる他種（フンメルカザリオサムシやウスリーキンオサムシなど）を欠くことによるところが大きいように思われる．全体的に赤みを強く帯びた個体の出現頻度が比較的高いのは，同所的に生息するリシリキンオサムシ（金赤色）やキタオオルリオサムシ（利尻産の個体はほぼすべてが赤銅色型）の影響によるものかもしれない．

　個体変異および他種との収斂現象：すでに述べた

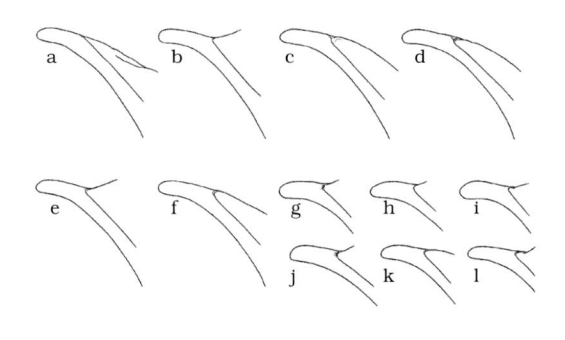

図4 マックレイセアカオサムシ陰茎先端の地域変異 ── a–e, 基亜種（a, ネルチンスク；b, ヤクーツク；c, ゴルヌィ；d, カムチャツカ；e, サハリン）；f, 北鮮亜種；g–l, 利尻島亜種（井村原図）

図5 マックレイセアカオサムシの分布 ── ●，基亜種（中点の入ったプロットは基準産地のダウリヤを示す）；▲，北鮮亜種；★，利尻島亜種 （㈱昭文社刊「グローバルアクセス世界地図帳」を元にして作成）

写真28 3種のオサムシの収斂現象（1）── a, マックレイセアカオサムシ；b, フンメルカザリオサムシ；c, ウスリーキンオサムシ（いずれもアムール地方ゴルヌィ産）

写真29 3種のオサムシの収斂現象（2）── a, マックレイセアカオサムシ；b, フンメルカザリオサムシ；c, ウスリーキンオサムシ（いずれもアムール地方ヴィソコゴルヌィ産）

ように，本種には大きく分けてふたとおりの色彩型が出現する．ひとつは前胸背板と上翅が暗青紫色，辺縁が虹色を呈するもので，ユーラシア北東部に分布する集団，いわゆる基亜種において多く見られる．もうひとつは前胸背板と上翅側縁が赤銅色，上翅が金緑色を呈するもので，基亜種でも見られるが，利尻島亜種や北鮮亜種など，分布域の南端部に隔離された分布を示す集団ではおそらくすべてがこの色彩型である．基亜種の分布域において広い範囲で同所的分布を示す別属のフンメルカザリオサムシ，ウスリーキンオサムシとの間には，しばしば顕著な色彩と彫刻の収斂（平行変異）がみられ，これは青紫色型（写真28），金緑色型（写真29）のいずれにおいても出現する現象のようであるが，同じ場所に生息するこれら3種のオサムシすべてが常に見事な収斂を示すとは限らない．また，典型的な「収斂相手」を欠く利尻島亜種などでは，青紫色型が出現せず，代わりにアイヌキンオサムシやオオルリオサムシといった赤銅色のオサムシにあたかも影響を受けたかのごとく，やや赤みを帯びた個体の出現頻度が高くなる点はたいへん興味深いことである．

生息環境：利尻島亜種の生息環境は第3章で述べたとおりだが，海外における本種の生息環境に関しては報告が少ない．アムール地方ではハナゴケの間から這い出してきたもの，林縁に仕掛けたトラップに入ったもの，あるいは土場で歩行中のものなどが得られている（小林信之氏私信）．サハリンではハナゴケの上を歩行中のものが見つかっており（川田光政氏私信），カムチャツカ半島では前述のごとく融雪直後の湖畔の湿地に近い環境から得られている．

生態：海外ではこれまで，本種の生態に関する報告は見当たらず，利尻島亜種におけるそれが本種の生態に関するもっとも詳しい知見になると思われる．春繁殖で幼虫が節足動物食である点は基本的に変わらないものと思われるが，周年経過については各地で少しずつ異なっている可能性が高い．

4）ホクベイセアカオサムシ *Hemicarabus serratus* SAY, 1825

本属のなかで唯一，北米大陸に分布し，外見的にも前胸背板が赤くない，すなわち「セアカ」にならない異色の存在である．「北アメリカ」から記載されたもので，基準産地の詳細は不明．

形態：体長 16〜24 mm．背面は暗青紫色を帯びた黒色で，比較的光沢が強い．青紫色の光沢は前胸背板と上翅側縁部において発現が顕著である．頭部の背面は滑らかで，わずかに点刻をそなえる程度にすぎない場合が多く，前頭側溝は浅く，複眼は大きい．口肢末端節は♂♀ともに本属としては比較的強くひろがる．触角は短く，♂でも先端 2 節が前胸背板の後縁を越す程度．前胸背板は四角形に近く，前方に向けて狭まり，前角はほとんど突出せず，後角は先端が鈍く丸まった三角形で比較的大きい．側縁は広く縁どられ，辺縁部の押圧は顕著で後方に行くほど幅広い．上翅彫刻はみっつの間室がほぼ同様に弱く膨隆し，間室間の条溝を形成する点刻列が目立つ．陰茎の基本形態は同属他種のそれと同様であるが，基部から先端までほぼ一様に弧を描いて滑らかに湾曲し，先端は細長く，腹側に向けての湾曲が弱い．

幼虫の形態については，LAPOUGE (1929), LAYNAUD (1975–'76) などによって図示あるいは記載されており，頭部鼻上板の前方突起は中央の 2 歯がヨーロッパセアカオサムシのものより外側にひろがり，また口肢がより太短く，第 9 腹節背板の側葉は強く丸まり，ほとんど突出しないという．

変異：ハドソン湾の沿岸地域から記載された *tatumi* など，種よりも下位の分類単位名がいくつか知られているが，地理的変異には乏しく，一般には単型種として扱われている．個体変異にも比較的乏しいようである．

分布：北米大陸に広く分布し，アメリカ合衆国のバージニア州からネバダ州にかけての地域，ならびにカナダ南部のブリティッシュコロンビア，サスカチュワン，オンタリオ，ケベックなどの各州から記録がある．

生息環境・生態：PAPP (1984) によれば，本種は植生の貧弱な開けた砂礫地に見られるとのことで，基本的な生息環境は同属他種のそれに準じるものと思われる．いっぽう，北米大陸南東部のサウス・カロライナ州では，3 月頃に森林地帯の倒木や石の下から得られる（CIEGLER, 2000）ということなので，地域によって好む環境に差があるのかもしれない．

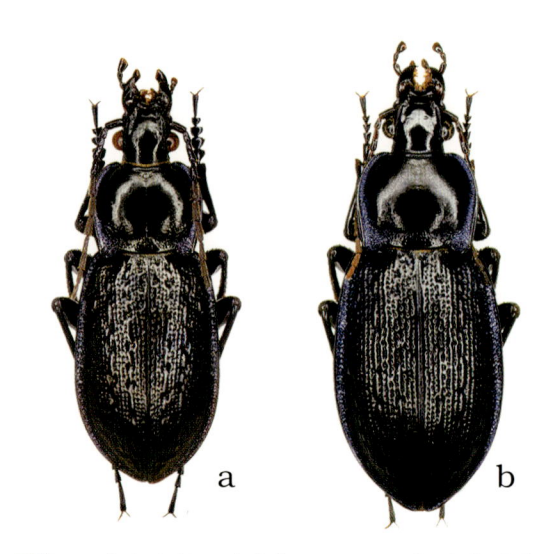

写真 30　ホクベイセアカオサムシ —— a, ♂, カナダ・ケベック州産; b, ♀, アメリカ合衆国・メリーランド州産

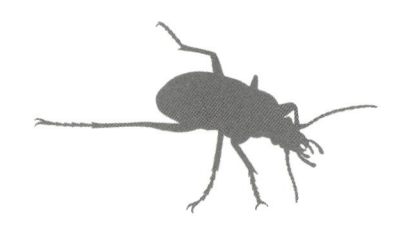

第 2 部
生活史

Part 2
Life History

変幻自在

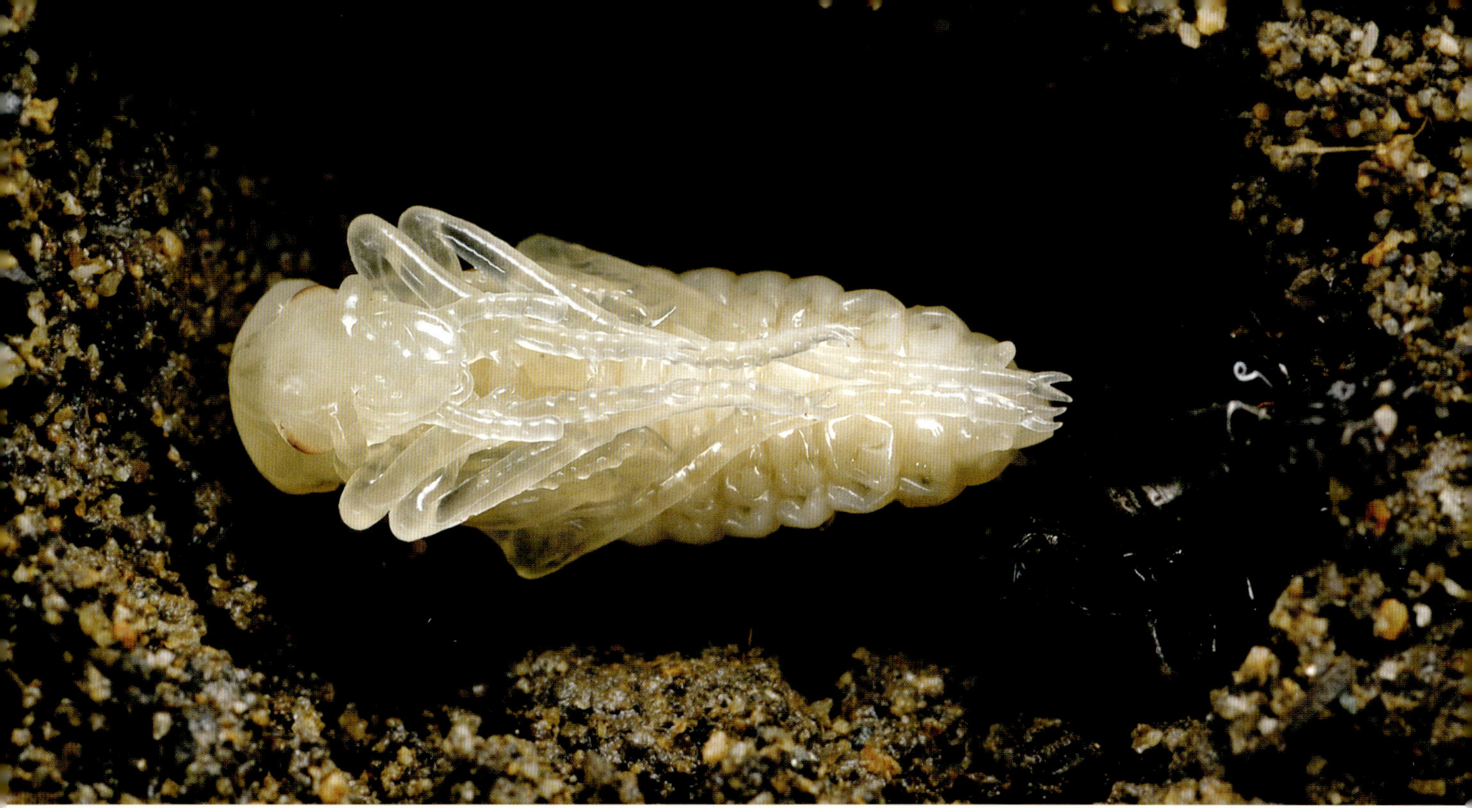
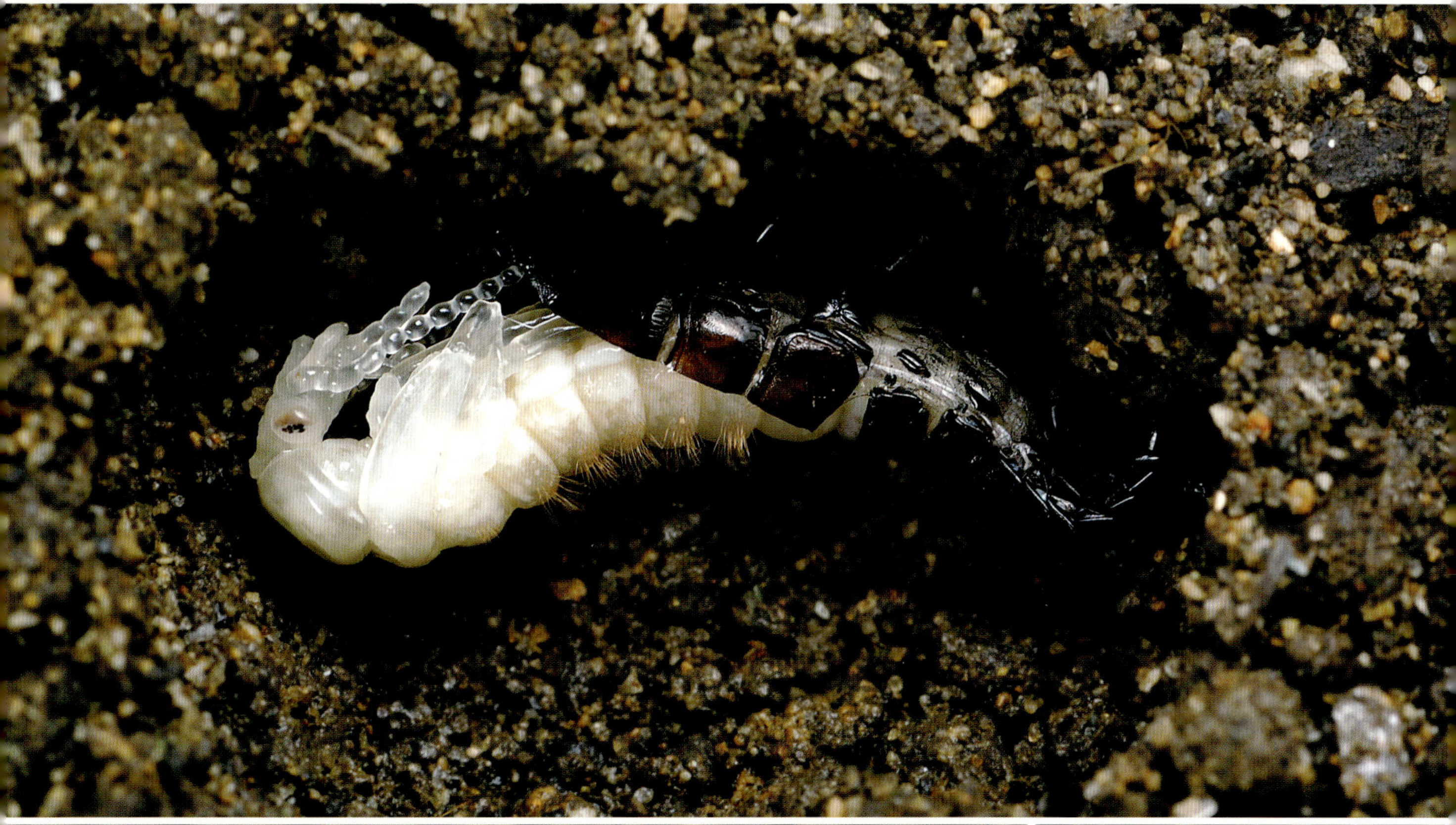
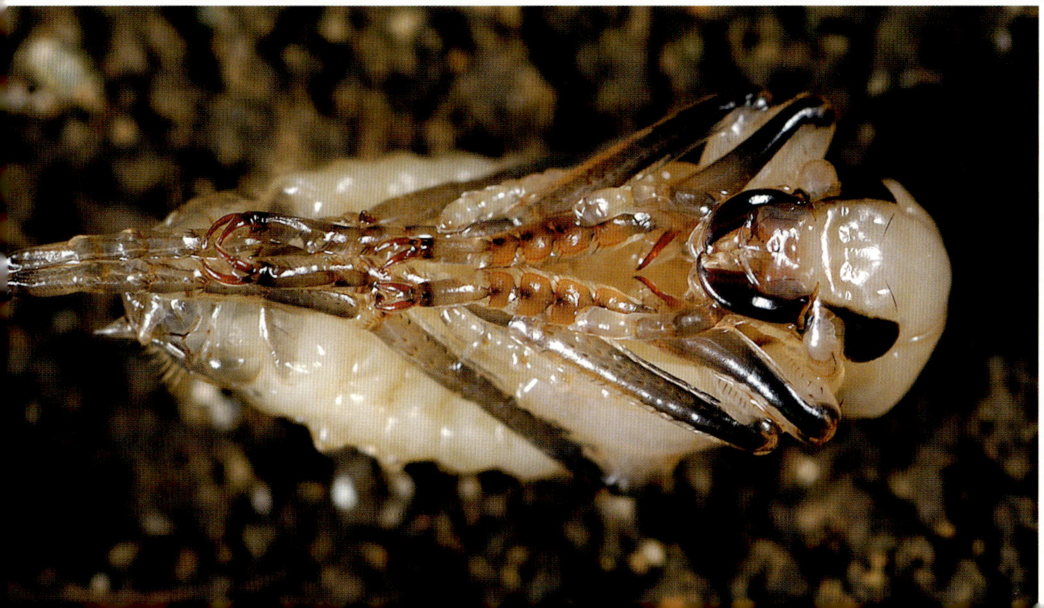
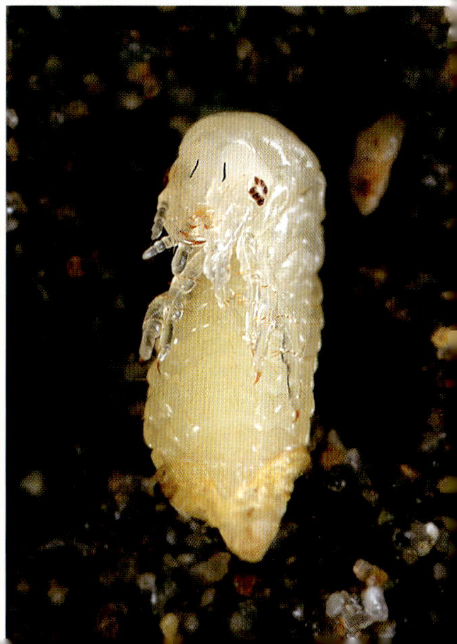

ゼリーに群がる成虫

交尾行動に入る成虫

産卵はこのような坑道の奥で行われることが多かった

飼育容器の底面に産付された卵
（透明の底板越しに撮影）

卵（産卵後2〜3日目）

衰弱したコバネイナゴに喰いつく成虫

卵の表面構造

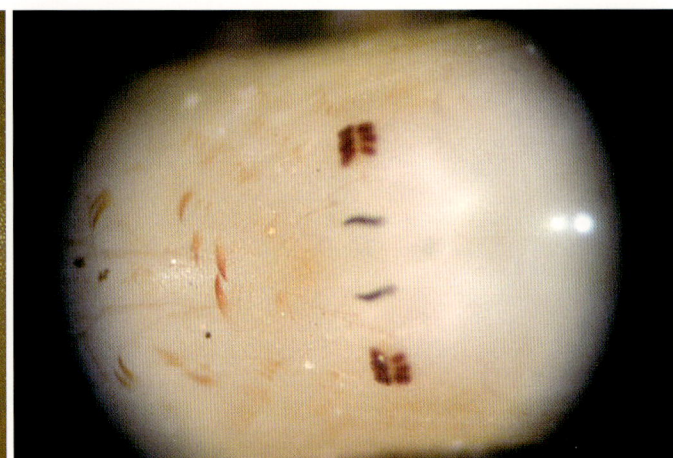

ユーモラスな幼虫の眼

1齢幼虫 2齢幼虫

3齢幼虫（脱皮後） マメコガネに喰いつく3齢幼虫

マメコガネを土中に引きずり込んで食べる3齢幼虫 3齢幼虫

アキアカネを食べる3齢幼虫 背面の剛毛に支えられ，浮き上がった状態で羽化を待つ蛹

macleayi amanoi
20050719 22:59:32
20050720 2:22:25
20050720 2:22:25
macleayi amanoi
20050720 2:24:10
20050720 2:24:14
20050720 2:24:41
20050720 2:25:08
macleayi amanoi
20050720 2:25:27
20050720 2:26:32
20050720 2:26:37
macleayi amanoi
20050720 2:27:09
20050720 2:27:42

macleayi amanoi
macleayi amanoi
20050720 2:40:21
20050720 2:38:30
20050720 2:32:50
20050720 2:31:35
20050720 2:29:24
20050720 2:28:43

macleayi amanoi
macleayi amanoi
20050720 4:27:09
20050720 4:16:16
20050720 3:58:41
20050720 3:33:21
20050720 3:16:19
20050720 2:55:51

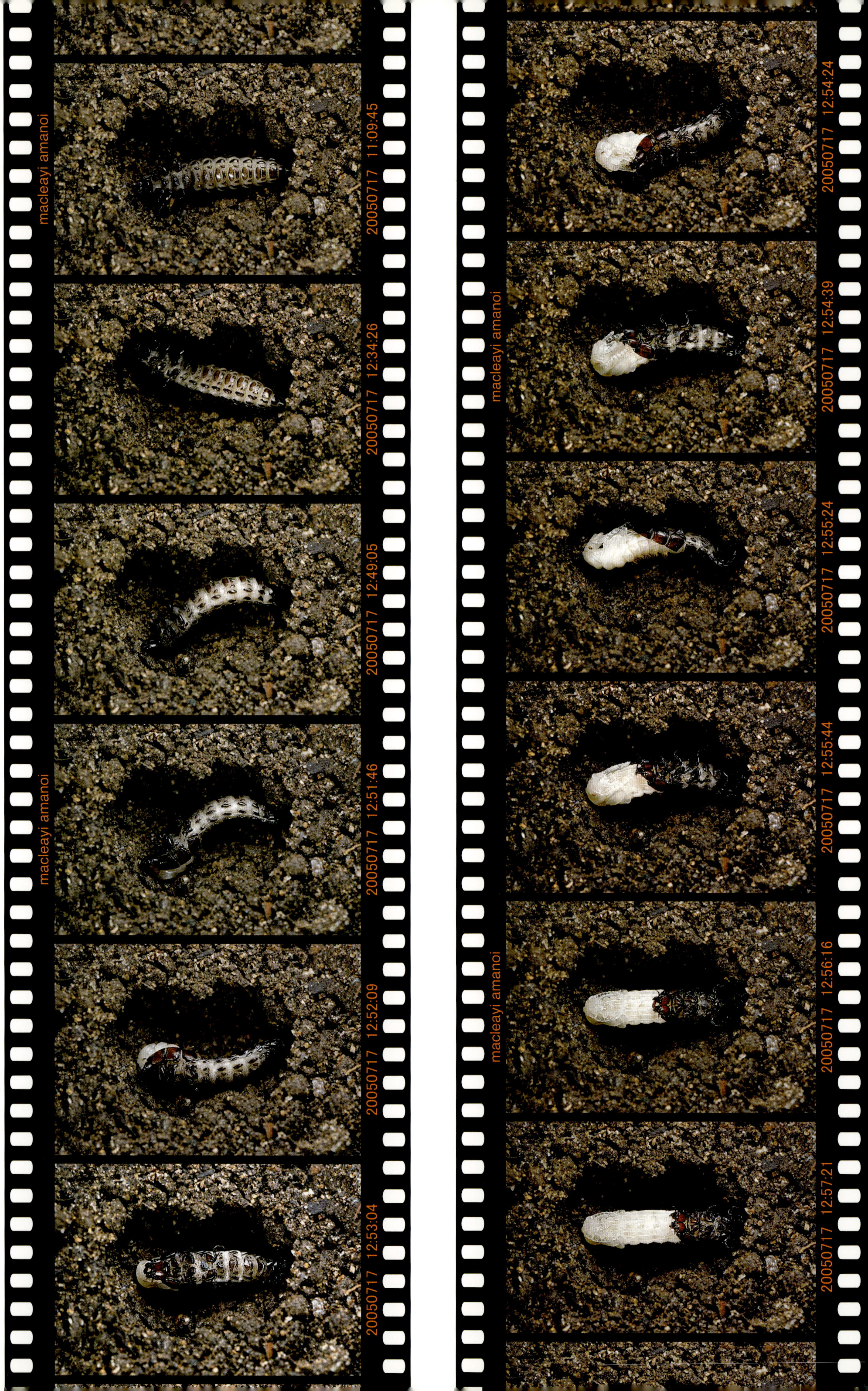
macleayi amanoi
20050717 11:09:45
20050717 12:34:26
20050717 12:49:05
macleayi amanoi
20050717 12:51:46
20050717 12:52:09
20050717 12:53:04
20050717 12:54:24
macleayi amanoi
20050717 12:54:39
20050717 12:55:24
20050717 12:55:44
macleayi amanoi
20050717 12:56:16
20050717 12:57:21

20050717 12:58:23
20050717 12:58:42
macleayi amanoi
20050717 13:01:46
20050717 13:02:15
20050717 13:02:58
macleayi amanoi
20050717 13:03:37
macleayi amanoi
20050717 13:03:49
20050717 13:04:46
20050717 13:04:39
macleayi amanoi
20050717 13:10:30
20050717 13:07:04
20050717 13:38:49

20050718 23:52:54
20050723 9:12:35
20050723 13:35:13
macleayi amanoi
20050723 18:32:22
20050723 21:53:44
20050723 21:54:25
macleayi amanoi

20050723 21:54:31
20050723 21:54:37
macleayi amanoi
20050723 21:54:50
20050723 21:58:33
20050723 22:00:22
macleayi amanoi
20050723 22:03:07

macleayi amanoi
20050723 22:05:50
20050723 22:08:21
20050723 22:09:17
macleayi amanoi
20050723 22:11:20
20050723 22:11:33
20050723 22:11:58

20050723 22:12:42
20050723 22:13:51
macleayi amanoi
20050723 22:14:44
20050723 22:20:48
20050723 22:31:37
macleayi amanoi
20050723 23:14:29

20050723 23:35:44
20050723 23:43:23
macleayi amanoi
20050724 0:06:31
20050724 0:43:05
20050724 0:44:02
macleayi amanoi
20050724 1:16:02
macleayi amanoi
20050724 1:24:16
20050724 1:44:27
20050724 2:13:43
macleayi amanoi
20050724 2:42:32
20050724 3:13:39
20050724 3:37:26

macleayi amanoi

20050724 4:06:29
20050724 4:12:16
20050724 4:37:20
20050724 5:00:09
20050724 5:14:48
20050724 5:43:25

20050724 6:00:44
20050724 6:18:36
20050724 6:41:38
20050724 8:03:52
20050724 13:14:13
20050724 17:36:03

野外で採れた黒ずんだ個体を眺めつつ
本来の色彩変異か　それとも月日とともに褪色したのかを話しあった
結論は出なかった
しかし　飼育して羽化した個体は例外なく美しかったのだ
そして知った
暗色の個体は　利尻の凄まじい風雪によって刻まれた"生きた証"なのだと

マックレイセアカオサムシの生活史について詳述された文献はこれまでに見当たらないので，利尻島亜種について得られた今回の知見が本種の生活史に関する初の本格的な報告になると思われる．

2005年度の調査では，野外で複数の生きた♀を得ることができた．そこで，これらの個体を持ち帰り，利尻島の低地および本州平野部において飼育したところ，産卵し，うち何頭かが羽化に至った．ここではそのうち2例の飼育経過について述べる．

飼育記録

［例1］

野外にてピットフォールトラップにより捕獲された生きた♀を利尻島平地の室内において産卵させ，得られた幼虫を1齢までは同所にて，以後羽化までは山形県米沢市の平地に場所を移し，飼育を継続した．米沢では，空調により常時摂氏24℃前後に保たれた室内で管理を行った．

飼育ケージとして底辺30×20 cm，深さ25 cmほどの透明プラスチック製水槽を用い，底部には目の細かい川砂を3 cmほどの厚さに敷き詰め，地表には隠れ場所となるよう石や苔をところどころに設置した．餌としては小型のコガネムシ科成虫や蛾の幼虫・蛹，小型のカタツムリなどを与えた．

飼育を開始してから数日目には，ケージの最底部に数個の卵が産み付けられているのが透明なプラスチックの底板越しに観察された．卵は水槽の最底部，砂と透明なプラスチック壁との境界部分に集中的に見出された．また，成虫はさかんにトンネル状の穴を掘り，砂に潜るしぐさを見せていた．これらの観察結果より，本種の♀は地中に潜り，地表から数センチ下方のかなり深い場所に産卵する習性をもつと考えられる．こうした行動は，同属のセアカオサムシにおける観察記録（杉江・藤原，1981；正式な論文としては未発表）とも一致しており，本属各種に共通した習性である可能性が高い．本属各種に見られる外部形態上の大きい特徴のひとつに，前脛節先端部の外側縁が幅広い三角形のヘラ状に突出している点を挙げることができるが，これはこうした「穴掘り」への適応形態ではないかと思われる．ただし，川砂の表面が適度に湿った状態で，通常のオサムシが行うように地表に脚を踏ん張り，尾端を地中に差し込んで比較的浅い場所に産卵するケースも観察されている．

以下，日を追って産卵後の経過を述べてゆく．

6月23日，飼育容器の底に産卵された卵を確認．

卵は乳白色で，産卵直後は長径4 mm強，短径2 mm前後の細長い米俵形をしており，側縁はほぼ平行であるが，孵化が近づくにつれ，側縁が軽く湾曲して反り気味になり，バナナ形を呈するようになる．本例においては産卵された正確な日時は不明であるが，おそらく6月22日から23日にかけてなされた可能性が高いので，卵期は15℃〜20℃の室温下（利尻島平野部）でおよそ1週間程度であろう．孵化の数日前から他の部位に先駆けて左右の眼が茶褐色に色づき，ゆらゆらと振り子状に揺れるような動きをするのが卵殻越しに観察される．孵化直前にはエビのようにふたつに折れ曲がって入っている白い幼虫の姿がよく見えるようになる．中の幼虫全体の輪郭が透けて見えるようになるとまもなく孵化を迎える．

6月30日，孵化．1齢幼虫となる．

孵化直後の1齢幼虫は体長約9 mmと，卵の長径の約2倍の大きさがあり，白色で眼のみ黒色だが，次第に灰色を帯びて色づきはじめ，2時間ほどで全身が強い光沢をもつ黒色へと変化する．活動は活発で，砂の上をかなりのスピードで這い回り，また，砂によく潜る．餌として，釣り餌の白サシ（ヒツジキンバエの幼虫）を与えたが，サシの外皮は思いのほか頑丈で，そのままでは食いつけずに餓死する個

写真31 飼育風景（2005年6月，利尻島にて）

体も見られた．サシを与える場合には外皮の一部を傷つけ，体液を出した状態で与える必要がある．野外ではより小型で柔らかい獲物や新鮮な死骸を摂食しているものと思われる．ほかにアキアカネなどのトンボやフキバッタ・コバネイナゴなどの直翅類，マメコガネなどの小型の甲虫類もよく摂食した．とくにマメコガネはひじょうに好んで食する代用食で，前胸背と腹部を切り離して与えると，切断面から体腔内に潜り込んで熱心に食した．この個体は5日ほどで脱皮し，2齢幼虫となったが，餌が豊富な場合には成長速度はかなり速いようで，同じ条件下で飼育した他の個体でも1齢から2齢までの所用日数はせいぜい数日程度であった．幼虫の形態については第1部第3章で詳述したとおりである．

7月05日，初回脱皮．2齢幼虫となる．
　脱皮直後の2齢幼虫は体長約12 mm．つねに豊富な餌を与えたところ，2齢の期間はわずか3日ほどであった．

7月08日，2回目の脱皮．3齢（終齢）幼虫となる．
　脱皮直後の3齢幼虫は体長約18 mmで，やはり豊富な餌を与えたところ，4日ほどで終齢末期に達した．

7月12日，終齢末期となる．
　体長が24〜25 mmに達すると，次第に摂食活動を行わなくなり，2日間ほど落ち着かない様子で容器内をさかんに歩き回った後，地中に長さ25 mm，幅10 mm，高さ15 mmほどの立派な蛹室を作った．

7月17日，蛹化．
　11:09 蛹室内で仰向けになった終齢幼虫が体を左右にくねらせ始める．
　12:35 動きを止める．
　12:49 体をそらしてのけぞるような態勢をとる．
　12:51 頭胸部の背面が割れ，脱皮が始まる．
　12:55 上半身が露出し，背面の毛束が見える．
　13:01 ほぼ全身の脱皮完了．
　13:02 尾端を振って脱皮殻から完全に脱出する．
　13:09〜38 体形が次第に太短くなり，脚の関節や上翅が左右に張り出して蛹らしくなる．

7月18日，複眼が茶色に色づく．

7月23日，羽化．
　08:40 脛節の基部が黒ずむ．
　09:12 複眼・大顎・脛節が墨色に色づき始める．
　12:40 脛節がほぼ薄墨色になり，頭部・交尾器が動くのが見え，脚がピクピクと震える．
　14:40 黒味が強くなる．頭部と触角が動き，足の痙攣が続くが，回数は少なくなる．
　16:00 後肢の付節が動く．
　16:03 脚が断続的に動く．外皮が虫体に密着してくる．
　17:22 6本の脚をばらばらに動かす．
　19:52 脚の動きは止まり，腹部の外皮がはちきれそうに密着する．
　20:06 中脚を擦り合わせる．
　20:08 触角・脚がピクピクと動き，頭を起こす．
　20:10 前・中脚を動かし，頭を起こす．
　20:20〜25 口肢が動き，脚を激しく数回動かす．
　21:53 羽化開始．腹部が膨張し，縮めていた脚を開き始める．
　21:54 脚を大きく開き，およそ20〜30秒間かけて仰向けからうつ伏せへと体位を変換する．体位変換の途中で頭部・前胸背背面の蛹殻が割れ始め，脱皮が始まる．
　22:03 脱皮殻は尾端部に残る程度となり，上翅が伸張し始める．
　22:11 左右の上翅が会合線で完全に合わさり，伸張がほぼ完了する．複眼・大顎・口肢・脛節・付節および触角各節の基部と腿節の末端が黒色で，他は真珠様の光沢を帯びた白色．ただし前胸背板の側縁部と上翅は淡い虹色の光沢を帯びた水色を呈する．

7月24日，前夜から02:42にかけて頭部・前胸背板・上翅基部・腿節は次第に黄褐色に色づき，前胸背板と上翅の虹色光沢を帯びた水色がより顕著になる．
　04:04 全身が暗褐色〜黒褐色に色づき，前胸背板と上翅の側縁部は緑青色の金属光沢へと変化する．
　05:28 全体がより暗色になり，前胸背板と上翅側縁

の緑青色光沢が消えてえんじ色に近い色彩になり，上翅全体が緑色味を帯びてくる．
13:14 前胸背板〜上翅側縁が黄緑色，上翅が金緑色．
16:04 前胸背板〜上翅側縁が金赤色，上翅が金緑色の本来の色調に落ち着く．

以上のように，例1では卵期約7日，1齢幼虫期5日，2齢幼虫期3日，3齢幼虫期9日，蛹期6日で，産卵から羽化までの所用日数は30日間であった．

[例2]

例1と同様，産卵までは利尻島平地の室内において管理し，以後，神奈川県横浜市において，日中は空調により24℃前後に保たれた室内，夜間は18℃前後の恒温器（ワインセラー）内において飼育を継続した．

6月28日，産卵．
7月05日，孵化．
7月20日，脱皮，2齢幼虫となる．
7月22日，脱皮，3齢幼虫となる．
8月04日，前蛹．
8月06日，蛹化．
8月16日，羽化．

例2では卵期約7日，1齢幼虫期15日，2齢幼虫期2日，3齢幼虫期15日，蛹期10日で，産卵から羽化までの所用日数は49日間であった．

以上2例の観察結果から，本種の卵期は約1週間，幼虫期間は各齢数ごとに，あるいは飼育条件や餌の摂取状況によって，発育速度にばらつきはあるものの17〜32日，蛹期は6〜10日で，産卵から羽化までに要した期間は1ヶ月から1ヶ月半強であった．

飼育下の♀は6月下旬頃にいったん産卵を停止したが，飼育を継続するうち，8月中旬頃に再び産卵を開始した．これは交尾後の卵成熟期間と関係があるかもしれない．

幼虫は普段，石の下や飼育容器の底に敷いた川砂の中に潜っており，地表の餌を石下や地中に引きずり込んで食することから，基本的には地中生活者であろうと思われる．

写真32 脱皮直後の3齢幼虫（下）と脱皮殻（上）（例2）

写真33 羽化直後の白い成虫（例2）

写真34 蛹室内で色づいた成虫（例2）

66〜73ページの写真は，孵化（19-20.VII）と蛹化・羽化（17-24.VII）の場面を，それぞれ異なる2個体を用いて連続撮影したものである．

寝袋とダンボール

　すでに2日間，まともに眠っていなかった．机の上にはマックレイの蛹が入った容器が置かれ，カメラとストロボがセットされている．その隣の容器では，近所で採集してきたオニホソコバネカミキリが羽音を立てていた．「オサムシは，目が黒くなったと思ったら，突然に真っ白なままツルンと羽化してくるんだよな」という知人のひとことが頭から離れず，目が黒くなってからというもの，今か今かと泊まり込んでいたのだ．そのまま2日間変化なしというのは，さすがに堪えた．

　それにしても，いつまでも変わらない．何を隠そう，オサムシの幼虫の飼育は生まれて初めてだった．何千頭も採ったアオオサムシですら飼育したことがなかった．しかしながら，孵化も蛹化も連続写真を撮ったうえに，こうして何とか蛹までこぎつけたとなると，羽化だけは撮り逃すわけにはいかない．「立入禁止」という貼紙を掲げた公民館の一室に，福島から何度も駆けつけてくれた杉浦信雄氏が食事と飲み物を差し入れてくれた．各種クワガタやアオタマムシを羽化させたことがある彼は，蛹を一瞥するなり「まだとうぶん先ですよ」という．

　翌日，あきらかに脚が黒くなり始めた．5分おきに監視を続け，17時20分すぎ，とうとう蛹の足が動き始める．待った甲斐があった！　とシャッターに指をあて，今か今かと待つ．蛹の皮は脚にピタリと貼りつき，今にも出てきそうだ．ところが再び，何事もなかったように静まり返る．もう，トイレに立つわけにもいかない．精魂尽き果ててはいるが，ひたすら待つ．羽化が始まったのは，それから3時間も後のことだった．

　真っ白な成虫の神々しいこと！　真珠色に輝いている．絶え間なく押された数百回のシャッター音が夜更けに時を刻んでゆく．他のオサムシの例から想像すれば，まずブルーに緑の縁取りとなって，それから徐々に緑と赤に変化するはずだった．しかし，翌朝太陽が高くなってもなお，真っ黒にわずかに緑を帯びた背中．マックレイに，緑から黒いものまでいることは知っている．羽化したのは美しくない個体だったのだろうか？

　すっかり美しくなった個体に驚いたのは，午後の昆虫観察会を終えた夕方だった．行事の合間にも抜け出してはカメラのシャッターを押しに戻っていたが，終わってみると見違えるような色になっていた．成虫のわきには幼虫と蛹の抜け殻．ふと視線を落とすと，そこにはダンボールと寝袋が，魂の抜け殻のように転がっていた．

(N)

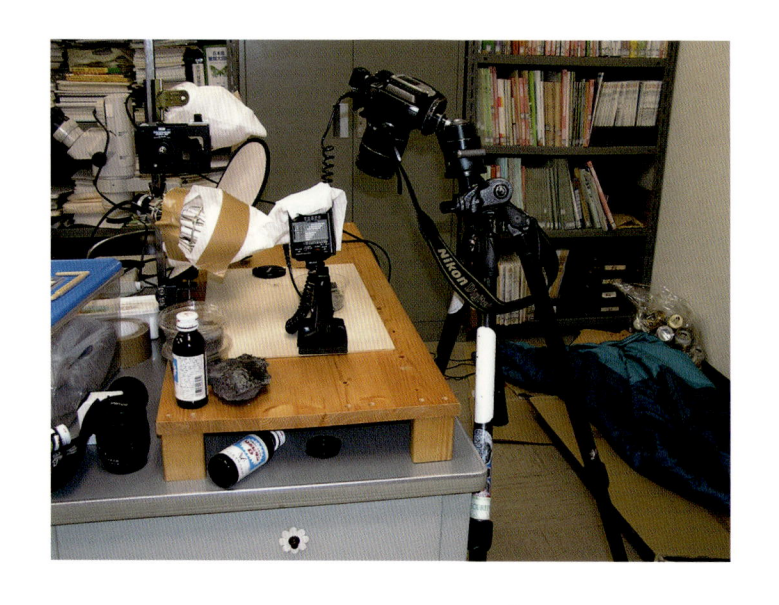

第 3 部
利尻島のオサムシと自然

Part 3
Carabid Beetles and Nature of Rishiri-tô

初夏の海岸を埋めつくすエゾゼンテイカ（神居海岸　24.VI.2005）

海岸草原

セアカオサムシ（本泊　23.VI.2005）

コブスジアカガネオサムシ（神居海岸　23.VI.2005）

キタオオルリオサムシ（神居海岸　23.Ⅵ.2005）

アカスジカメムシ（神居海岸　22.Ⅵ.2005）

ハマナス（神居海岸　27.Ⅵ.2005）

利尻山中腹を覆う針葉樹林（甘露泉付近　20.Ⅵ.2005）

樹林帯

キタオオルリオサムシ（鬼脇　11.Ⅷ.2004）

リシリオサムシ（鬼脇　11.Ⅷ.2004）

セダカオサムシ（鬼脇　11.VIII.2004）

ゴゼンタチバナ（沓形コース　23.VI.2005）

キバチの一種（鴛泊コース　20.VI.2005）

ヒメクロオサムシ（鬼脇　11.VIII.2004）

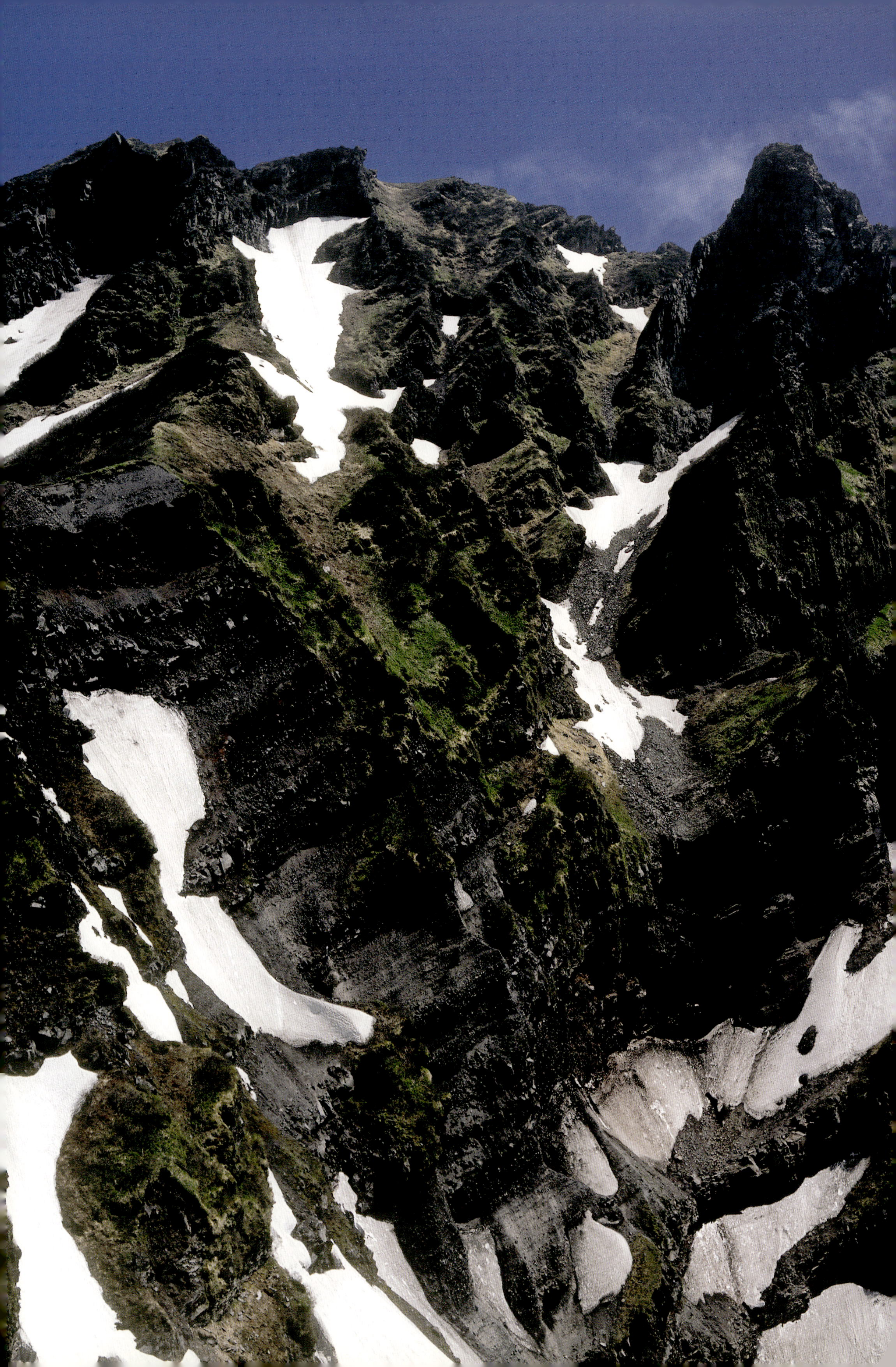

亜高山帯

左頁／崩落の進む利尻山頂上直下の斜面（26.Ⅵ.2005）　上左：リシリヒナゲシ（鴛泊コース　7.Ⅸ.2004）　上右：エゾノツガザクラ（三眺山　29.Ⅵ.2005）　中左：コケモモ（沓形コース　25.Ⅵ.2005）　中右：エゾヒメクワガタ（三眺山　29.Ⅵ.2005）　下：リシリキンオサムシ（利尻山　12.Ⅷ.2004）

次々と羽化するエゾシロチョウ（沓形　27.Ⅵ.2005）

ザゼンソウ（見晴台　21.Ⅵ.2005）

利尻の自然－初夏

エゾノハクサンイチゲ（三眺山　29.Ⅵ.2005）

ボタンキンバイ（三眺山　29.Ⅵ.2005）

エゾエンゴサク（三眺山　21.Ⅵ.2

晴れた尾根筋では，数頭のハバチの仲間が見晴らしのよいダケカンバの枝先で争っていた（沓形コース 19.VI.2005）

ミヤマカラスアゲハ♀（見返台 24.VI.2005）

キバナノコマノツメ（沓形コース 21.VI.2005）

日光浴をするカラスアゲハ♂（見返台 24.VI.2005）

ボタンキンバイ（三眺山　23.Ⅵ.2005）

岩の割れ目に咲くエゾツツジ（沓形コース　29.Ⅵ.2005）

潮風に揺れるオオハナウド（神居海岸　24.Ⅵ.2005）

ツタウルシを巻くオトシブミの一種　　　オオバナノエンレイソウ（沓形コース　21. VI. 2005） 　　レブンコザクラ（ヤムナイ沢　28. VI. 2005）
（甘露泉付近　20. VI. 2005） 
オオバナノエンレイソウは消えゆく雪の化身に思えた（三眺山　19. VI. 2005）

ナンチドリ（三眺山　29. VI. 2005）
ウコンウツギ（礼文岩　23. VI. 2005）

驟雨に打たれるゴゼンタチバナ（三眺山　18.IX.2005）

ハマナス（沓形岬　20.IX.2005）

オオルリボシヤンマ（南浜　19.IX.2005）

タイリクアカネ（南浜　19.IX.2005）

利尻の自然
―初秋

鴛泊港と長官山を望む（三眺山　18.IX.2

ブドウの実が黒く色づき，大きな葉も秋色を纏いはじめた（南浜 19.IX.2005）

短い晴れ間にもコンブが干されてゆく（仙法志 20.IX.2005）

ヒメアカタテハ（上）とアカタテハ（下）
（南浜 21.IX.2005）

沓形の街はずれ　小さな植え込みから　エゾシロチョウが次々と羽化していった
　　　夜が明ければ　あの山巓を舞うのだろう　吹き上げる風に身をまかせて

北の果てなのに　インドや中国から照葉樹林とともに日本列島にやってきたカラスアゲハが舞う
海上の小島なのに　シベリアのタイガやツンドラの住人であるマックレイセアカオサムシがいる
　　　南北入り混じった魅力　さいはての孤島・・・それが利尻
　　　　　　　　　　　　　　　　　　（エゾシロチョウの羽化/沓形市街にて　27.Ⅵ.2005）

第1章 利尻島のオサムシ相

1. 利尻島に産するオサムシの種数

　利尻島からは過去に7種のオサムシ（狭義のオサムシ類＝オサムシ亜族）が記録されており，リシリノマックレイセアカオサムシの発見により，同島に生息するオサムシは計8種となった．これを日本の各島嶼に生息するオサムシの種数と比較してみたのが表2である．これを見ると，面積の広い本州と北海道は別格として，その他のいわゆる離島のなかでは群を抜いて豊富なオサムシ相に恵まれていることがわかる．面積が利尻よりもはるかに広い九州の6種をも凌ぐうえ，9種を産する四国にしても，内容的には同属内のきわめて近縁な数種（オオオサムシ・トサオサムシ・アワオサムシあるいはヒメオサムシとアキオサムシなど）をカウントしてのことなので，対面積比とその内容から考えると，利尻島のオサムシ相がいかに多様なものであるかをうかがい知ることができよう．

2. 利尻島のオサムシ相とその特徴

　表3に，これまで利尻島から記録のある計8種のオサムシをまとめた．このほかに，同じオサムシ族に属する姉妹亜族であるカタビロオサムシ類の3種，

表2　日本の各島嶼に産するオサムシの種数

28種……本州（ただし，キイオサムシを独立種とみなす）
12種……北海道
　　　　（ただし，移入種？のアオオサムシをカウントに入れ，オシマルリオサムシをオオルリオサムシの1亜種とみなす）
9種……四国
　　　　（ただし，トサ，アワ，ヒメ，アキの各オサムシをそれぞれ独立種として扱う）
8種……利尻島
6種……佐渡島・奥尻島・九州
　　　　（ただし，佐渡島は原記載以降記録のないサドクロナガオサムシをカウントに入れ，上翅のみの記録しかないマークオサムシを除く）
5種……礼文島
4種……天売島・金華山・粟島・能登島・淡路島
3種……焼尻島・気仙沼大島・出島（宮城県）・網地島・宮戸島・寒風沢島・野々島・伊豆大島・厳島・上蒲刈島・長島（山口県）・屋代島・中ノ島（隠岐）・島後・小豆島・中通島・福江島・上甑島・中甑島

表3　利尻島から記録されているオサムシ類

1. リシリノマックレイセアカオサムシ（マックレイセアカオサムシ利尻島亜種）
2. セアカオサムシ（基亜種）
3. リシリオサムシ（チシマオサムシ利尻島亜種）
4. ヒメクロオサムシ（基亜種，ただし暫定的処置）
5. コブスジアカガネオサムシ（北海道亜種）
6. エゾアカガネオサムシ（アカガネオサムシ北海道亜種）
7. リシリキンオサムシ（アイヌキンオサムシ利尻島亜種）
8. キタオオルリオサムシ（オオルリオサムシ道北亜種）

およびセダカオサムシ族に属するセダカオサムシ1種が記録されているので，いわゆる広義のオサムシ類としては計12種を産することになる．

　このように，利尻島のオサムシ相の特徴としては，産する種の数がきわめて多い点を第一に挙げることができる．しかも，これらの種は上位分類群レベルでみると6属にまたがっており，その内容が多彩である．これは第1章の冒頭でも述べたように，同島がオサムシの生息環境としては緯度を含めもっとも好適な気候条件の範囲内に位置していることにくわえ，豊かな自然環境が残されていること，そして海抜1,700mを越える利尻山を擁し，標高ごとに異なる多様な環境を擁していることなどによるものであろう．

　つぎにその内容を見てみよう．特産種のマックレイセアカオサムシを除くと，利尻島に産する8種のオサムシのうち，じつに7種までが北海道本土との共通種である．この観点から見ると，利尻島はいわゆる北海道の出店というべき位置づけになるが，顕著な相違としてはセスジアカガネオサムシ，エゾクロナガオサムシ，エゾマイマイカブリの3種を欠く点を挙げることができる．最初の種は，湿地やそれに準じた環境に強く依存しているため，水系に乏しくこうした環境がほとんど見られない利尻島に生息していないことはとりたてて不思議ではない．ところが，後二者は北海道本島においてもっとも普遍的に分布する普通種でありながら，利尻島からは記録されていない．おそらくはなんらかの地史的要因，あるいは他種との競合などが関係しているものと思われるが，なぜ分布していないのか，明確な説明は困難である．

　いっぽう，視点を利尻島に産するオサムシに向け

写真 35 利尻島のオサムシ —— a, リシリノマックレイセアカオサムシ *Hemicarabus macleayi amanoi*; b, セアカオサムシ *H. tuberculosus*; c, リシリオサムシ *Aulonocarabus kurilensis rishiriensis*; d, ヒメクロオサムシ *Asthenocarabus opaculus*; e, コブスジアカガネオサムシ *Carabus arvensis hokkaidensis*; f, エゾアカガネオサムシ *C. granulatus yezoensis*; g, リシリキンオサムシ *Pachycranion kolbei hanatanii*; h, キタオオルリオサムシ *Acoptolabrus gehinii aereicollis*; i, アオカタビロオサムシ *Calosoma inquisitor cyanescens*; j, クロカタビロオサムシ *C. maximowiczi*; k, エゾカタビロオサムシ *Campalita chinense*; l, セダカオサムシ *Cychrus morawitzi* （×2.27）

ると，なんといっても本書の主役であるマックレイセアカオサムシを産することが北海道本島との最大の違いである．北海道本島との違いのみならず，日本で本種が生息しているのは現時点において利尻島だけである．さらに，チシマオサムシとアイヌキンオサムシがそれぞれ固有の亜種（リシリオサムシとリシリキンオサムシ）へと分化を遂げていることも特徴として挙げることができる．そのほかの5種は，いずれも北海道本島に分布する集団とのあいだにそれほど顕著な相違がみとめられていない．

以下，種ごとに解説してゆこう．

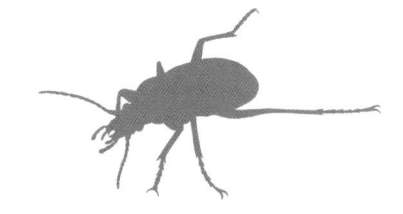

1) リシリノマックレイセアカオサムシ *Hemicarabus macleayi amanoi* IMURA, 2004

マックレイセアカオサムシ *Hemicarabus macleayi* DEJEAN, 1826（セアカオサムシ群 Hemicarabigenici，セアカオサムシ属 *Hemicarabus*）の利尻島特産亜種．

第1部において詳しく述べたように，種マックレイセアカオサムシは南シベリアのダウリヤから記載されたもので，ユーラシア大陸北東部に分布の中心をもつ．周辺島嶼としてはサハリンから記録されているにすぎなかったが，2004年になってわが国の利尻島にも生息していることがあきらかになった．

セアカオサムシ属に属する各種は，一般に地理的変異に乏しいが，本種の場合は従来から基亜種，北鮮亜種のふたつがみとめられていたうえ，さらに利尻島亜種が発見されたことにより，多型種としての性格がより顕著になったといえる．

利尻島亜種の体長は 16.4〜19.1 mm，平均 17 mm 強で，日本に産するオサムシのなかではもっとも小型の部類に属する．背面の色彩は基本的に上翅中央が金緑色，前胸背板と上翅側縁が赤銅色〜金赤色で，全体に赤味を帯びたものや汚銅褐色のものも見られるが，基亜種に見られるような上翅が青紫色を呈する色彩型はこれまで見つかっていない．マックレイセアカオサムシは同所的に生息する他のオサムシとの間に顕著な収斂現象を示す場合が多いが，利尻島亜種に関してはいわゆる収斂相手（フンメルカザリオサムシやウスリーキンオサムシが対象となっていることが多い）を欠くためであろうか，それらしき現象を見ることはできない．しいていえば，同じ島に産するリシリキンオサムシやキタオオルリオサムシの影響を受けてのことであろうか，本種としては赤みを帯びた個体が多いといえるかもしれないが，典型的な収斂現象とみなしうるほどのものではない．

その他の形態や分布，生息環境，生態などについては第1部において詳しく述べたので，ここでは省略する．

利尻島では利尻山の高所に残された特殊な環境のみから得られており，中腹の樹林帯や低地の草原などにはおそらく生息していないものと思われる．同じ島内に生息する同属の次種，セアカオサムシと混生していることはまずないであろう．

本種と同様の分布パターン，すなわちわが国では利尻島の高所のみからしか記録のない地表性甲虫はほかにもいくつか知られており，いずれも寒冷な気候に適応した周極性の分布を示すものばかりである．その代表がエゾヒサゴゴミムシ *Miscodera arctica* PAYKULL とサイハテチビゴミムシ *Trechus apicalis* MOTSCHULSKY であろう．

　エゾヒサゴゴミムシ（写真 36 a）は細長いヒョウタン形の体形をもち，体表に強い光沢をそなえた体長 7 mm ほどの小型のゴミムシで，ヨーロッパ北部からシベリア，北アメリカまで広く分布しているが，わが国では利尻島の高所のみから知られている．最初の記録は利尻山における UÉNO（1961）の採集品に基づき HABU（1972）により報告されたもので，その後もごく僅かな個体数しか得られていない．スレート状の平たい石が積み重なったような環境に生息するといわれるが，真の生息環境や生態など，詳しいことはわかっていない．

　いっぽう，サイハテチビゴミムシ（写真 36 b）は体長 3.8〜4.5 mm ほどのひじょうに小さいゴミムシで，ユーラシア大陸北東部（沿海州，北千島，カムチャツカ）から北米大陸北部（アラスカ，カナダ，アメリカ合衆国北東部）にかけて分布しており，前種同様，日本国内では利尻島のみに分布することが知られている．長官山の標高 1,150 m 地点で MATSUMOTO（1978）により得られた 1♀ に基づいて UÉNO（1984）が報告して以来，数頭が記録されているにすぎないが，必ずしも高標高の地域のみに生息しているわけではなく，上野俊一博士からの私信によれば，鴛泊ポン山山麓などの低い場所からも得られているという．

　このように，周極性分布を示す北方系の甲虫で，利尻山の高所が日本で唯一の生息地となっている，という例がいくつかあり，同所は動物地理学的に見てもひじょうに興味深い場所といえる．これはひとえに，北海道北部地域における最高峰，利尻山の存在によるところが大きいといえるだろう．もし仮に，礼文島や対岸の宗谷地方に 2,000 m 級の高峰があったならば，これらの昆虫類はもっと多くの地点に生き残ることができたにちがいない．

　周極性の分布を示し，日本で発見されるとすれば利尻島がその筆頭候補地であろうといわれてきた甲虫のひとつにムカシゴミムシ（ムカシゴミムシ科 Trachypachidae，ムカシゴミムシ属 *Trachypachus*；写真 37）がある．北欧から北米大陸北部にかけての周極地域に分布し，数種が知られているが，わが国からは科のレベルで記録がない顕著な甲虫である．リシリノマックレイセアカオサムシの調査に際し，これと同じもの，あるいはそれに準じた未知の甲虫が見つかるかもしれないという期待があったため，捕獲許可をとり，懸命に探索してみたのであるが，残念ながらこれまでのところ発見されていない．

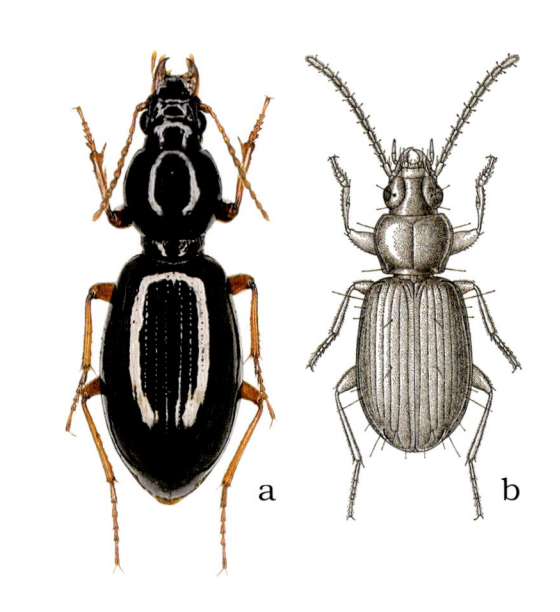

写真 36　エゾヒサゴゴミムシ(a) とサイハテチビゴミムシ(b；UÉNO, 1966 より)

写真 37　ムカシゴミムシ属 *Trachypachus* の基準種，*T. zetterstedti*（ロシア沿海州シホテ・アリニ山脈産；国立科学博物館蔵）

2）セアカオサムシ *Hemicarabus tuberculosus tuberculosus* DEJEAN et BOISDUVAL, 1829

前種と同じセアカオサムシ属 *Hemicarabus* の一員で，マックレイセアカオサムシが発見されるまで長年にわたり，邦産オサムシのなかでは本属に属する唯一の種として知られていた．種としての基準産地はアルタイ地方で，ユーラシア大陸東半部とその付属島嶼に分布する．わが国においてはほぼ全域から記録されており，北海道の周辺島嶼としては利尻島のほかに天売島，焼尻島，奥尻島，渡島大島（＝松前大島），渡島小島（＝松前小島）などからの記録がある．しかしながら，地理的変異には比較的乏しく，すべての集団を基亜種とみなす扱いが一般的である．

体長 16〜23 mm と全種よりもやや大きいが，邦産オサムシとしては小型の部類に属する．形態上の特徴は第 1 部第 4 章で述べたとおりである．利尻島の集団は上翅第 1 次間室の瘤状隆起が大きく，基本的には北海道本土のものに準じた特徴を有しているようである．

ユーラシア大陸北東部において，本種とマックレイセアカオサムシの分布は重複している部分があるようだが，まったく同一の地点における記録はほとんど見当たらないようであり，両種の同所的分布が確認された場所として，利尻島はサハリンに次ぎおそらく世界で二番目の生息地といってよいだろう．このように狭い孤島内に *Hemicarabus* 属の 2 種が共存しているケースは世界で初のものと考えられる．ただし，両者は混生しているわけではなく，標高や生息環境の違いによりあきらかに棲み分けている．利尻島において，本種は主に海岸付近の低地にあるススキなどの生えた荒地に生息しており，中腹の樹林帯やマックレイセアカオサムシが生息する利尻山の高所には見られないようである．

同属他種と同じく，本種もまた春繁殖型のオサムシと考えられる．幼虫の食性に関する報告は少ないが，井上（1953）によれば鱗翅目幼虫，とくにヨトウガの幼虫を好むとのことで，杉江・藤原（1981）は飼育下においてゴミムシ成虫を餌として 3 齢まで飼育できたという．マックレイセアカオサムシの食性から考えても，基本的には節足動物食（主として他種の昆虫の幼虫および成虫）であろうと考えられる．

本州では一般に 5 月頃冬眠から覚め，交尾の後，6 月頃より漸次産卵を始め，新成虫は 8 月後半〜10 月頃にかけて見られることが多い．夏の短い利尻島では生活環が多少異なっている可能性もあるが，同島における詳しい生態の観察記録はまだ見られない．冬期には土中あるいはごく稀に朽木から越冬中の成虫が得られた報告があるが，利尻島における越冬成虫の採集記録はまだない．

写真 38　セアカオサムシ —— a, ♂, 鴛泊大磯産; b, ♀, 鴛泊富士野産

写真 39　セアカオサムシの生息地（沓形郊外）

3) リシリオサムシ *Aulonocarabus kurilensis rishiriensis* NAKANE, 1957

チシマオサムシ *Aulonocarabus kurilensis* LAPOUGE, 1913（クロナガオサムシ群 Leptocarabigenici, セスジクロナガオサムシ属 *Aulonocarabus*）の利尻島亜種．

種チシマオサムシはエトロフ島を基準産地として記載されたもので，千島列島南部から北海道，利尻・礼文両島およびサハリン南部（モネロン島を含む）に分布し，7～8亜種に分類される．利尻島の集団は NAKANE (1957) により固有の亜種として記載されたが（基準産地は "Mt. Rishiri, Rishiri Is., Hokkaido"），礼文島のものも同じ亜種に含めて扱われる場合がある（ISHIKAWA & MIYASHITA, 2000）．

体長 21～26 mm．中型で比較的ずんぐりした体形をもつオサムシ．背面は一様に黒色で，しばしば銅褐色の鈍い光沢を帯びる．前胸背板は四角形に近く，側縁が軽く波曲して弱い心臓形をなし，辺縁は弱く反り，後角は三角形に近く，後方へと突出する．前胸背板表面は不規則かつ密に点刻され，それらは互いに連続して強い横皺となる．第 1 次間室は連続する隆条で，第 1 および第 2 第 1 次間室は後方で断続する．第 2 次・第 3 次間室は顆粒列となり，前者は後者より強く明瞭だが隆条となることはない．陰茎は細長く，先端部は長さが幅の 2.3～2.8 倍．膜状開口部は短く，その長軸長は陰茎全長の 1/2 にはるかに及ばない．同部右側面の窪みと皺は弱い．陰茎背側縁は側面から見て基部近くで強く湾曲する．

前胸背板表面が密に点刻される点，および陰茎先端がひじょうに細くなる点により，他亜種から識別される．外見上はサハリン亜種 subsp. *pseudodiamesus* に近いが，上翅第 1 次隆条の隆起が強く，第 2 次～第 3 次間室の顆粒列がより不規則になる点で異なる．

すぐ隣の礼文島に産する集団は固有の亜種レブンオサムシ subsp. *sugai*（ISHIKAWA, 1966）として記載されているが，基本的な形態にあまり差がないことから利尻亜種に含めて扱われることもある（ISHIKAWA & MIYASHITA, 2000）．

種チシマオサムシは北海道本島においてはきわめて局地的な分布を示し，大雪山塊，知床半島，羊蹄山の山頂付近などから知られているにすぎない．個体数も一般にそう多いものではないが，利尻島では低地から山頂付近にかけての広い範囲に生息しており，個体数も多い．利尻島における本種のこうした普遍性は，保田ら（1991）が指摘しているように，北海道本島では本種に近いニッチを占めているエゾクロナガオサムシの分布を欠くことに起因するものかもしれない．

秋繁殖型のオサムシで，幼虫の基本食性は節足動物食（他種の昆虫やその幼虫など）であろうと思われる．北海道中東部の別亜種，ラウスオサムシ subsp. *rausuanus* の場合，越冬成虫は 6 月下旬～7 月下旬にかけて出現．その後繁殖し，新成虫は 8 月から 9 月上旬にかけて現れるという．そして，成虫以外に幼虫でも越冬を行い，翌年羽化した成虫は繁殖せずに越冬して次の年に繁殖活動を行う，いわゆる 2 年 1 化の生活史をもつのではないかと考えられている．夏の短い利尻島においても，ラウスオサムシに準じた生活環をもっている可能性が高く，さらに平地の集団と高所に生息するものとの間にも生活環に違いがあるかもしれないが，リシリオサムシの生活史に関する詳しい調査研究はまだなされていない．

写真40 リシリオサムシ ── a, ♂, 沓形産；b, ♀, 鬼脇産

4) ヒメクロオサムシ *Asthenocarabus opaculus opaculus* PUTZEYS, 1875

ヒメダルマオサムシ群 Tomocarabigenici の中のヒメクロオサムシ属 *Asthenocarabus* に属し，同属は本種1種のみによって代表される．わが国ではこれまで，狭義のオサムシ属 *Carabus* あるいはクロナガオサムシ属 *Leptocarabus* の一員として扱われることが多かったが，♂交尾器形態や分子系統解析の結果から見ても，系統的には独立した位置に置くべきものであろう．

本種は「Jesso（＝蝦夷＝北海道）」において得られた1♂に基づいて130年以上も前に記載されたが，原記載に場所の詳細に関する記述がないため，正確な基準産地を特定することは困難である．しかしながら，ホロタイプ標本の形態ならびに当時の情勢（ある程度開けていた地域でないと標本がもたらされることもないであろう）から考えれば，函館や札幌ないしその周辺地域から得られたものである可能性が高い．

体長15〜20 mm．小型のオサムシで，背面は黒色だが，前胸背板や上翅側縁などはしばしば紫〜青緑色を帯びる．

北海道の全域と本州東北地方の山岳地帯に分布し，国外ではサハリン南部と千島列島南部から記録されている．北海道には広く分布し，各地で最普通種のひとつとなっているが，東北地方では山地性となり，比較的稀．付属の島嶼では，利尻島のほかに礼文島，大黒島（厚岸町），奥尻島などから記録がある．

基亜種以外では，鳥海山から記載された別亜種チョウカイヒメクロオサムシ subsp. *shirahatai* が知られているが，他にもあきらかに地域変異が見られ，将来さらに複数の亜種に分割するべきものと思われる．しかしながら，道内の分布はほぼ連続していて明確な境界を設けにくいうえ，同一集団内における個体変異もいちじるしいため，地理的変異に関する検討は進んでいない．

利尻島のものは隣接する礼文島や道北の宗谷地方の集団と同様，上翅第1次間室がよく発達し，強く隆起した太い隆条片となる一方で，第3次間室はほとんど隆起せず，小顆粒列が並ぶだけのものが多い．このような個体は道央や道南地方にも出現するので，必ずしもこの地域の集団に固有の形質であるとは限らないものの，みっつの間室がほぼ均等に隆起することの多い日高山脈南部や道東の一部などに産する集団からはあきらかに識別が可能である．本種の地域変異に関する検討は，筆者により目下進められているが，ここでは利尻島のものを暫定的に基亜種として扱っておく．

北海道本島では平地からかなりの高所まで生息していて，生息密度ならびに同所的に産する他のオサムシ中に本種の占める比率は，標高を増すにつれて高くなる傾向が見られる．さまざまな環境に適応しているが，一般に森林帯で多く見られ，とくに下部針広混交林において個体密度が高い．亜高山帯では，いわゆるお花畑から岩礫，砂礫地，さらに雪渓や渓流に近い湿潤地などにも見られ，各所で優占種となっていることが多い．

利尻島では海岸草原から山頂近くのガレ場やお花畑に至るまで，きわめて広範な垂直分布域を有し，各所で優占種となっている．

秋繁殖型のオサムシと考えられ，井上（1953）によれば幼虫は各種の鱗翅目幼虫やその他の昆虫を捕食するという．基本的には節足動物食であろう．利尻島では平地で6月，高所では7月頃から成虫が活動を始め，盛夏から初秋の頃にかけて新成虫が混入し，個体数を増す．夏場の短い利尻島の高所では，あるいは2年1化の生活環をもっているかもしれない．

写真41 ヒメクロオサムシ ―― a, ♂; b, ♀（ともに鴛泊産）

5）コブスジアカガネオサムシ *Carabus arvensis hokkaidensis* LAPOUGE, 1924

広義のコブスジアカガネオサムシ *Carabus arvensis* HERBST, 1784（アカガネオサムシ群 Carabigenici, アカガネオサムシ属 *Carabus*）の北海道亜種．種としてはユーラシア大陸北部の広い範囲（ヨーロッパから極東）に分布し，いくつかの亜種に分類されている．基亜種はポーランドから記載されたもので，西ヨーロッパ亜種 subsp. *sylvaticus*，カルパティア山脈亜種 subsp. *carpathus* などが比較的顕著なものである．わが国においては北海道の特産で，利尻島のものも含め，"Teshio"（＝手塩）を基準産地として記載された北海道亜種 subsp. *hokkaidensis* に分類される．シベリア東部の *conciliator* を独立種として扱い，*hokkaidensis* をその亜種（*Carabus conciliator hokkaidensis*）とみなす場合もあるが，ユーラシア大陸の東西に産する集団間で基本的形態の差はほとんど見られず，また分子系統樹のうえでも両者はきわめて近縁であることが証明されているため，ここでは広義の種 *arvensis* にまとめる扱いとしておきたい．

本亜種は北海道に広く分布するが，道南の渡島半島からは記録が少なく，島牧村の一部と，はるか南方にかけ離れた亀田半島基部の横津岳山頂付近に孤立した集団が知られるのみ．周辺島嶼としては礼文島，利尻島，天売島，焼尻島，奥尻島，ユルリ島などから記録がある．

体長17〜24 mm ほどの比較的小型のオサムシ．色彩の変異がいちじるしく，北海道亜種では赤銅色系と緑色系のものを中心に，中間的色彩のもの，全体黒色に近いもの，あるいは上翅の色彩が中央部と側縁部で異なりツートンカラーとなるタイプまで，さまざまな型が出現する．利尻島では赤銅色型（写真42 a）が優勢で全体の過半数を占め，次いで緑色型（写真42 b）が多く，上翅中央が紫藍色で辺縁が金緑色となる美しいツートンカラーのもの（写真42 c）や，全体が黒色に近いもの（写真42 d）も出現する．

頭部は小さく，大顎は太短く，口肢は細長い．♂の触角腹面には顕著な無毛帯がある．前胸背板は前方に向けてあきらかに狭まり，後角は太短く，先端は丸まる．上翅彫刻は3元的で，第1次間室は頻繁に分断されて鎖線となり，第2次，第3次間室は連続する隆条ないし顆粒列．♀の上翅端はえぐれない．陰茎先端は細く，腹側へ向けての湾曲は弱い．内袋の指状片は扁平で不整な楕円形に近い．

原野や湿原から森林地帯に至る幅広い環境に生息し，一般に個体数も多く，その地域の優占種としてひじょうに多くの個体が得られる場合もしばしばである．

利尻島では山麓の樹林帯を中心に生息しており，各地で普通に見られる．西島（1989）は本種の代表的な多産地のひとつとして利尻島を挙げている．垂直分布も低標高の海岸草原から亜高山帯の下部に及ぶ（保田ら，1991）が，それ以上の高所には生息していないか，きわめて個体密度が低くなる．

春繁殖型のオサムシで，幼虫は基本的に環形動物食（ミミズなど）と考えられるが，杉江・藤原（1981）によれば，飼育下において本種の幼虫は鱗翅目の幼虫とゴミムシの成虫を食し，蛹化に至ったという．TURIN et al. (2003) によれば，基亜種の成虫は飼育下でミミズ，鱗翅類の幼虫，カタツムリなどを食し，幼虫の食性もこれに準じたものであるという．

利尻島においては夏期にトラップおよび目視（路上を歩行中のものや石起こしなど）によって採集されているが，越冬中の個体の採集記録は見当たらない．

写真42　コブスジアカガネオサムシ —— a, ♀, 鴛泊産；b, ♂, 鬼脇産；c, ♂, 鴛泊産；d, ♂, 沓形産

6) エゾアカガネオサムシ *Carabus granulatus yezoensis* BATES, 1883

広義のアカガネオサムシ *Carabus granulatus* LINNÉ, 1758（アカガネオサムシ群 Carabigenici, アカガネオサムシ属 *Carabus*）の北海道亜種.

種アカガネオサムシは前種と同じくユーラシア大陸北部に広く分布し，いくつかの亜種に分類されている多型種である．わが国には北海道亜種 subsp. *yezoensis*（エゾアカガネオサムシ）と本州亜種 subsp. *telluris*（狭義のアカガネオサムシ）の2亜種を産する．利尻島の集団は前者に属し，北海道本土に産する集団との違いはほとんどみとめられない．

前種と同じく *Carabus* 属の一員だが，体長は19〜27 mm とやや大きく，背面は暗銅緑色を帯びた黒色で，色彩の変異は少ない．口肢，触角，脚などはより細長く，複眼は大きく，側方への突出が強い．♂の触角腹面に無毛帯はない．前胸背板はより四角形に近く，側縁は強く背側へ反る．上翅彫刻は3元的で，第1次間室は分断された隆条列ないし楕円形の瘤状隆起列，第2次間室は連続する隆条，第3次間室は粗大な顆粒列となる．♀の上翅端はあきらかにえぐれる．陰茎先端部ははるかに太短く，腹側に向けて強く湾曲する．内袋の指状片は中央部がより強くくびれ，スペード形を呈する．

エゾアカガネオサムシは北海道のほぼ全域に分布し，湿地やそれに準じた環境に強く依存することの多い本州亜種とは異なり，草原や森林帯にも幅広く適応している．利尻島では山麓の樹林帯を中心に生息しているようで，垂直分布域はコブスジアカガネオサムシのそれに準じるものと思われるが，一般に個体数はあまり多くない．あるいは利尻島内にも本種がより多く見られる場所や時期があるのかもしれないが，海岸草原に本種を多産する礼文島と比べて対照的である．

前種と同じく春繁殖型のオサムシであろう．*Carabus* 属の各種は幼虫が環形動物食（ミミズなど）である場合が多いようだが，井上（1953）は各種の昆虫を捕食するとし，杉江・藤原（1981）は飼育下において本種の幼虫にミミズ類を与えたところ，摂食したものの十分な発育は見られなかったと述べている．また，鱗翅目の幼虫は食さなかったという．ただし，ヨーロッパに産する基亜種は飼育下でミミズ，鱗翅目の幼虫，生肉，カタツムリなどいろいろな種類の餌を食するという報告がある（TURIN et al., 2003）．

成虫のほかに幼虫でも越冬するようで，サハリンではむしろ幼虫越冬が普通であるという．冬期には土中あるいは朽木中から採集されるが，利尻島における越冬成虫の採集例はまだ見られないようである．

写真43 エゾアカガネオサムシ —— a, ♂, 沓形産；b, ♀, 鴛泊産

写真44 エゾアカガネオサムシが生息するポン山（手前）から鴛泊（右手後方）にかけての地域（利尻山上部よりのぞむ）（N）

7) リシリキンオサムシ *Pachycranion kolbei hanatanii* IMURA, 1991

アイヌキンオサムシ *Pachycranion kolbei* ROESCHKE, 1897（ヨロイオサムシ群 Procrustigenici, ユーラシア全域系亜群，シェーンヘルキンオサムシ属 *Pachycranion*）の利尻島特産亜種．

種アイヌキンオサムシは背面が金赤～金緑～青緑色に強く輝く美麗種で，次種とともに北海道を代表するオサムシとしてよく知られている．北海道と千島列島南部，そして利尻島に分布し，地理的変異が顕著で，計15ほどの亜種に分類されている．

利尻島からは花谷ら（1968）により初めて記録された．この時の個体は1965年8月13日に「山頂附近」において得られたものとされているが（1頭，性別不詳），採集者の花谷氏のお話によると，実際には鬼脇コースの標高1,400 m付近で平たい石の下から採集されたものであるという．次いで，帯広畜産大学の調査（1977）により得られた1♀の記録があり，この個体は現在，同大学に保管されている（写真45 b）．この個体と，その後に得られた1♂に基づき，利尻島の集団は特産亜種リシリキンオサムシ subsp. *hanatanii* として記載された（井村，1991）．亜種名は，利尻島から初めて本種を記録した花谷氏にちなむものである．未発表ながらその後，数頭の標本が得られているようだが，正式に記録された個体は上記の3頭にすぎない．いずれにせよ，分布はきわめて局地的で，個体数はひじょうに少ないようである．対岸の北海道本島に分布する本種の手塩亜種テシオキンオサムシ subsp. *futabae* が平地にも広く分布しているのに対し，利尻島の集団は海岸沿いの草原や中腹の森林帯には見られず，利尻山高所のみから記録されている点も特異である．

体長24 mm前後．背面は黄色味の強い赤銅色で，辺縁は緑色を帯び，光沢が強い．前胸背板には比較的強い皺と点刻をよそおい，上翅は細長く，本種としては中等度に膨隆し，最広部は中央よりも後方にあり，♀の上翅端はわずかにえぐれる．第1次原線は連続する隆条で，太く強壮．第2次間室は明瞭な顆粒列としてみとめられるが，第3次間室の発達は弱く，不規則で弱い顆粒列を形成するにすぎない．間室間の点刻列は側方で強く融合し，顕著で粗な横皺となる．陰茎先端は細長く，腹側に向けてやや強く湾曲する．

既知の各亜種のなかではテシオキンオサムシにもっとも近いが，前胸背板の皺と点刻がより顕著で，上翅背面の金属光沢が強く，第一次隆条は太く強壮で，陰茎先端はより強く腹側に湾曲する点で識別される．

本亜種は国産のオサムシ類としては唯一，レッドデータブックの絶滅危惧Ⅰ類（CR+EN）に指定されている（2006年春現在）．その生息地は利尻礼文サロベツ国立公園の特別保護地区内にあり，無許可での捕獲・殺傷が固く禁じられているとはいえ，美麗でしかも分布が限局された種なので，リシリノマックレイセアカオサムシと同様，密猟に対する厳重な監視が必要であろう．

種としては晩夏～秋繁殖型のオサムシで，一般に盛夏のころ個体数がもっとも多くなる．幼虫でも越冬し，幼生期の基本的食性は軟体動物食（カタツムリなど）と考えられる．しかしながら，利尻島亜種の生態に関する知見は皆無に等しい．

写真 45 リシリキンオサムシ —— a, ♂, ホロタイプ, 国立科学博物館蔵; b, ♀, パラタイプ, 帯広畜産大学蔵（ともに利尻山産）

8）キタオオルリオサムシ *Acoptolabrus gehinii aereicollis* HAUSER, 1921

オオルリオサムシ *Acoptolabrus gehinii* FAIRMAIRE, 1876（ヨロイオサムシ群 Procrustigenici, 中国系亜群，クビナガオサムシ属 Acoptolabrus）の道北亜種．

種オオルリオサムシは北海道本土のほぼ全域と利尻・礼文両島，ならびに天売島に分布し，前種とともに北海道を代表する美麗種として知られている．地理的変異と個体変異に富み，計9亜種ほどに分類されており，とくに顕著な亜種として道南渡島半島のオシマルリオサムシ subsp. *munakatai*，日高山脈南部のサッポロクビナガオサムシ subsp. *sapporensis* やキレスジルリオサムシ subsp. *radiatocostatus* などがある．利尻島の集団はアイヌキンオサムシのように特化してはおらず，道北に広く分布するキタオオルリオサムシ subsp. *aereicollis* に含めて扱われるのが一般的である

利尻島の集団は体長26〜32mm程度と，オオルリオサムシとしては中ないしやや小型の部類に属する．とくに，利尻山上部で見かけるものには♂の体長が27mm前後の小型の個体が多い．背面の色彩は赤銅色型のものがほとんどで，前胸背板はしばしば紅色の光沢を，また上翅の側縁は緑色の光沢を帯びる．ときとして写真46cのごとく緑色味を強く帯びた個体も見られるが，青紫色型，暗色型は出現しないようである．

利尻島では，波打ち際からわずか数メートルほどの海岸草原から中腹の森林帯，さらに亜高山帯のお花畑やガレ場の草つきに至るまで，島内のほぼ全域に広く分布しており，個体数も比較的多い．これは，本種が基本的に軟体動物（カタツムリ）食のオサムシであるため，必ずしも特定の植生に依存する必要がないこと，ならびに同島には同じカタツムリ食であるエゾマイマイカブリの分布を欠くため，ニッチを独占できていることと関連があるように思われる．

基本的には春繁殖型であるが，春から夏にかけてだらだらと繁殖活動が行われ，成虫のほかに幼虫でも越冬を行うタイプのオサムシであることが知られている．利尻島においても，個体数に波はあるものの，雪どけ直後から晩夏に至るまで，ほぼいつでもその姿を見ることができるようだ．幼虫は基本的に軟体動物食で，とくにカタツムリ類に対して強い嗜好を示す．

蛇足ながら，本種の種名 "*gehinii*" を「ゲヒニィ」と発音する人が日本では多いが，この名はフランスの昆虫研究家（本業は薬剤関係の仕事だったという）ジャン・バプティスト・ジェアン J. B. GÉHIN（1816－1889）にちなむものなので，「ジェアニィ」と発音するべきであろう．

写真46 キタオオルリオサムシ —— a, ♂, 沓形新湊産；b, ♀, 鴛泊富士野産；c, ♂, 沓形郊外産

写真47 キタオオルリオサムシの生息地（沓形北部，新湊〜栄浜付近の海岸草原）（N）

[カタビロオサムシ類]

以下の3種はオサムシ亜族の姉妹群であるカタビロオサムシ亜族に属する.

1） アオカタビロオサムシ *Calosoma inquisitor cyanescens* MOTSCHULSKY, 1859

ユーラシア大陸に広く分布する種で，ヨーロッパの基亜種，コーカサス〜イラン北部の亜種 subsp. *cupreum*，そしてユーラシア北東部の亜種 subsp. *cyanescens* に分類される．わが国のものはアムール地方を基準産地とする最後の亜種に属し，北海道および中部地方以北の本州北東部から記録されている．

体長 18〜25 mm. 背面は黒色で顕著な緑銅色光沢を帯びることが多く，ときに紺色の個体が出現する．頭部はあきらかに点刻され，前胸背板は横長で側縁は強く丸まり，縁取りは細く，後方で不完全になり，後角は腹側に曲って後方への突出はやや不明瞭．基部凹陥は深い．上翅は箱形で後方に向けてひろがり，間室にある横の刻み目は弱く，第1次凹陥は浅い．♂前付節は基部3節がひろがり腹面に絨毛をもつが，第4節の一部にも絨毛が見られる場合がある．陰茎先端は細長く，舌状片は短い．

2005年の夏に鬼脇林道を調査した際，カンバ林に発生した蛾の幼虫を求めて集まった本種を路上や林床において観察することができた．利尻島のものは北海道本島に産する集団と比べ，とくに差はないようである．

2） クロカタビロオサムシ *Calosoma maximowiczi maximowiczi* MORAWITZ, 1863

東アジアに比較的広く分布する大型種で，地理的変異には乏しい．基準産地は函館で，日本では主要4島とその周辺島嶼から知られているものの，記録はいずれも散発的である．

前種に似るが，より大型で体長 22〜35 mm. 黒色で光沢があり，側縁部はわずかに緑色味を帯びる．頭部には不規則な皺があり，前胸背板は横長で縁取りは太く完全，後角は小三角形で後方に突出し，基部凹陥はごく浅い．上翅は箱形で，側縁中央部は♂では左右ほぼ平行ないし後方に向けてやや狭まり，♀では後方に向けてひろがることが多い．間室には明瞭な横の刻み目があり，第1次凹陥は深く明瞭．♂の前付節は基部3節の腹面に絨毛をもつ．陰茎の先端部は短く，舌状片は細長い三角形．

北海道では主として石狩低地帯より南西の地域から記録されており，それ以外の地域からの記録はひじょうに少ないうえ，アオカタビロオサムシと混同されている可能性もある．西島（1989）も「道東および道北では未発見である」と述べている．

利尻島においては山谷（1989）による沓形からの記録があるが，出典が明らかでなく，その信憑性に関しては疑問の余地も残されている．利尻島から記録のある広義のオサムシ類のなかで唯一，標本を検することのできなかった種である．

写真48 アオカタビロオサムシ ── a, ♂; b, ♀（ともに鬼脇産）

写真49 クロカタビロオサムシ ── a, ♂; b, ♀（ともに千歳市産）

3) エゾカタビロオサムシ *Campalita chinense chinense* KIRBY, 1818

前2種とは異なる属 *Campalita* に属する本邦唯一の種．*Calosoma* 属とは，下唇肢の先端節が亜端節よりも長く，下唇基節中央歯の先端が鋭く尖り，上翅彫刻が異規的で，♂交尾器舌状片に硬化した突起をもつことにより区別される．

本種はインドシナ半島基部〜中国〜朝鮮半島にかけて分布し，周辺島嶼ではサハリンや済州島，および日本列島のほぼ全域から記録がある．

体長23〜35 mm．背面は黒色で，赤銅色の光沢を帯び，色彩の発現は頭部と前胸背板の辺縁において顕著である．頭部は密に点刻され，前胸背板の後角は鈍く丸まり，基部凹陥は深い．上翅は縦長の矩形に近く，部分的に鱗状となる微細顆粒を密によそおい，間室は隆起せず，第1次凹陥のみが金赤〜金緑色に強く輝く丸い大孔点列となって目立つ．♂前付節は基部3節が強くひろがり，腹面に絨毛をそなえている．陰茎は細長く，側方から見てほぼ均等に湾曲し，舌状片は三角形に硬化し，先端部は尖って鉤状に曲る．

利尻島では以前から記録されており，主に平地から低標高地域の草原ないし荒地的環境に生息しているようである．

[セダカオサムシ類]

以下の種はセダカオサムシ族に属する．

1) セダカオサムシ *Cychrus morawitzi morawitzi* GÉHIN, 1885

セダカオサムシ族 Cychrini のなかのセダカオサムシ属 *Cychrus* に属する本邦唯一の種．この仲間は全北区に広く分布し，中国奥地と北米において種分化がいちじるしく，150種以上が知られている．

本種は体長11〜17 mm と，属のなかでももっとも小さい種のひとつ．背面は黒色でかすかに暗銅色の光沢を帯びる．頭部は細長く，複眼間の頭頂部には横溝がある．前胸背板は心臓形で中央に1対の側縁剛毛をもち，後角は鈍角．背面には粗大な点刻と皺を密によそおい，後方で強く押圧され，基部凹陥は横溝状となる．上翅は(長)卵形で強く膨隆し，前方と後方に向けて強く傾斜する．彫刻は3元異規的で，各間室は互いに癒合した粗大顆粒列となる．

北海道のほぼ全域と南千島およびサハリンに分布し，岩手県中東部の源兵衛平付近にも他とかけ離れて孤立した分布圏がある．

基準産地は函館で，これまでに札幌亜種 subsp. *sapporensis* と岩手亜種 subsp. *iwatensis* が記載されているが，地理的変異に関する検討は不十分である．利尻島の集団は平均して小型で，道央〜道北に産する集団に近い．ここでは一応，基亜種としておく．島内においては海岸近くの草原から亜高山帯に至るまで普遍的に分布しており，個体数も比較的多い．

写真50 エゾカタビロオサムシ —— a, ♀, 鬼脇産；b, ♀, 鴛泊大磯産

写真51 セダカオサムシ —— a, ♂, 鬼脇産；b, ♀, 沓形栄浜産

第2章 利尻島の地史と自然

1. 利尻島の地史

利尻島は第三期の基盤岩上にできた成層火山，利尻山を中心とする火山島である．およそ1千万年前の海底火山活動により多量の火山噴出物が海底に堆積し，固まって母岩となったものが現在の利尻島の基礎になったといわれている．20〜数万年前には，この平らな古利尻島の上に火山活動によって標高1,500 mほどの古利尻山が形成され，5〜4万年前には現在の利尻山を形づくる噴火活動が起り，富士山型の成層火山が形成された．当時の最高地点は現在より100 mほど高い標高1,800 m近くに達したと考えられている．山頂近くにあるロウソク岩と呼ばれる煙突形の岩柱は，噴火の際にマグマが通った道（火道）の跡である．3万〜8千年前には，この火道から野塚溶岩流と呼ばれる溶岩が流出したり，割れ目噴火やマグマ水蒸気爆発といった多様な活動が起き，裾野では数千年前まで小さな噴火が続いてポン山と呼ばれるスコリア丘が形成された．その後，活動は終息へと向かい，山肌は長い時間をかけて侵食され，中腹以上の高標高地では現在，崩落がいちじるしい．沓形コースの上部などでは，急な斜面で数十分おきに土砂や岩石が土煙とともに崩落してゆくさまを目にすることができるし，メインコースとなっている鴛泊ルートですら，山頂手前の北西面は大きくえぐれ，いつ登山禁止になってもおかしくないような状況が続いている．

写真52 ヤムナイ沢に残る溶岩流の跡

2. リシリノマックレイセアカオサムシの渡来時期と経路

このように，更新世の頃までは利尻山の火山活動が活発であったことから，同島に現在生息しているリシリノマックレイセアカオサムシの起源がこの時期より古いものとは考えにくい．今から7〜1万年前の最終氷期（ウルムもしくはヴュルム氷期）中，もっとも寒冷であったといわれる約2万年前には，年平均気温が現在より8℃前後も低く，海退現象により，海水面はもっとも低下した時期で今より140 mほども低くなっていたといわれている．当時，シベリア大陸からサハリン，北海道，利尻・礼文両島はすべて陸続きとなり，地衣類の繁茂する荒地のような環境がえんえんとひろがっていた時もあっただろう．リシリノマックレイセアカオサムシはこうした時期に，北方の母集団が南下して利尻にまで分布をひろげ，その後気温の上昇とともに海水面が上昇し，利尻が孤島となった後も島の高所に取り残されるかたちで今日まで生きながらえてきたのであろう．

このように，リシリノマックレイセアカオサムシは典型的な氷河期の残存種と考えられ，利尻山の高所に残された特殊な環境にかろうじて依存しつつ，今日まで人知れず世代を繰り返してきた，地史の生き証人であるということができよう．

3. なぜこれまで発見されなかったのか？

利尻島はわが国最北の地に位置する好採集地として各分野の昆虫研究家・愛好家によく知られた島であり，プロ・アマを問わず，これまでに幾度も昆虫類の採集・調査が行われている．また，利尻山が日本百名山のひとつに選ばれたことや離島ブームなどともあいまって，虫屋ならずとも老若男女を問わず多くのひとびとが訪れており，利尻山ではここ数年の登山人口が年間1万人を越えているという（平成15年度13,241人，16年度11,271人〜第6回山のトイレを考えるフォーラム資料集，2005による〜）．こうした一般の登山客のなかには，昆虫が好きで見かけたものを知人に話す人や写真に撮る人，さらにはこっそり記念に持ち帰る人も少なくなかったに違いない．

にもかかわらず，マックレイセアカオサムシのような美しくて目立つ昆虫が，これまで噂になること

すらなく，人知れずひそかに生息を続けてきたのは，ひとえに本種の特殊な生息環境とその分布範囲の狭さゆえであろう．2005年度の調査では本種の生息地へのアプローチにザイルを使用したことからもわかるように，普通ならまず足を踏み入れようとすら考えない危険な場所を主たる生活の場としているオサムシなのである．この種がいるという強い確信のもとに，セアカオサムシ類の好む環境に照準を定めて探索を行ったからこそ発見できたのであって，一般の登山客はむろんのこと，たとえ昆虫採集に精通した熟練研究者といえども，登山道沿いで通り一遍の採集を行うだけでは発見することができなかったのも無理はない．

4. 今後，新産地が発見される可能性

それでは今後，日本国内の他の場所からもマックレイセアカオサムシが発見される可能性はあるだろうか？　すぐ北に浮かぶ礼文島は有力な候補地のひとつであるが，残念ながら最高地点が490 mにすぎず，利尻山高所に見られるような環境を欠いている．礼文岳の山頂部などに小規模な砂礫地が存在するようであり，探索してみる価値はあるかもしれないが，実際に発見される可能性は低いだろう．対岸の宗谷地方もおおむね標高が低すぎて望みは薄そうである．天塩山地の高所あたりになると可能性はやや高まるかも知れない．それよりもむしろ，大雪山塊，知床，日高山脈などの高所を中心に，雪どけ直後の地衣類に覆われた砂礫地などを探してみるとおもしろいのではないかと思う．日高山脈南部アポイ岳のヒメチャマダラセセリ（北大昆虫研究会, 1975）や，大雪山高所のパルサ湿原からごく最近になって発見されたタカネセスジアカガネオサムシ（IMURA, 2003）などの例もあるからである．とはいえ，本種そのものが利尻山の高所以外にも生き残っている可能性はきわめて低いのではないだろうか．

5. 豊かな自然が残された島，利尻

利尻島は周囲約60 km，面積約182 km²のほぼ円形をした火山島で，中心には数千年以上前に活動を終えた成層火山である利尻山がそびえている．日本海の北部に位置するため，暖流である対馬海流の影響を受けて，同緯度に位置する道北のオホーツク海沿岸地域に比べると，年間を通じて気候は比較的穏やかであるといわれるが，冬場には大陸からの季節風が吹き荒れ，長く厳しい季節が続くことも事実である．島全体の年平均気温は6.8℃，もっとも低温となる1月には平均で氷点下5℃まで下がり，もっとも気温の高くなる8月には約20℃になるという．

海岸沿いの低地から標高1,700 mを越す利尻山山頂まで，多種多様な環境に恵まれているため，利尻島から記録されている植物は600種以上にのぼるといわれる．そして，島全体は植物相を基準にみっつの地域に分けられる．すなわち，海辺から標高30 mくらいまでの海岸草原と湿原，30～400 mくらいまでの中腹樹林帯，そしてより上部の亜高山帯である．これらそれぞれのゾーンにおいて，多彩な自然が展開され，多くの昆虫たちが息づいている．

最上部の特殊な環境のみに生息しているリシリノマックレイセアカオサムシは，利尻島特産の生物のなかでもひときわ顕著な美麗種として，かつまた貴重な地史の生き証人として，今後とも末永く語り継がれる存在となるだろう．

写真53　鴛泊港から仰ぎ見た利尻山

These two papers are reproduced under the permission of the Japanese Society of Coleopterology.

Discovery of *Hemicarabus macleayi* (Coleoptera, Carabidae) from the Alpine Zone of the Island of Rishiri-tô, Northeast Japan

Yûki IMURA

Shinohara-chô 1249-8, Kôhoku-ku, Yokohama, 222-0026 Japan

Abstract *Hemicarabus macleayi* DEJEAN is recorded for the first time from the alpine zone of the Island of Rishiri-tô, Northeast Japan, and is described as a new subspecies under the name *amanoi*.

In the summer of 2001, a female specimen of a strange carabid beetle was collected by Mr. Masaharu AMANO on a path leading to the top of Mt. Rishiri-zan on the Island of Rishiri-tô, off the western coast of the northern tip of Hokkaido, Northeast Japan. Three years later, it was submitted to me for examination through the courtesy of Mr. Naoki TODA. It was evident at a glance that the beetle was identical with or very closely related to *Hemicarabus macleayi*, though somewhat different in details from all the known races of the species. This was most unexpected, since the main distributional range of *H. macleayi* was the northeastern part of the Eurasian Continent (Southeast Siberia, Amur, Maritime Territory, northeastern North Korea, Yakut, Magadan, the Kamchatka Peninsula, etc.) and the range extended onto the Island of Sakhalin at the most. Anyway, it was apparent that the carabid in question was an unrecorded species from the Japanese territory. To prove its indigenousness on Rishiri-tô and to know its own characteristics more precisely, it was necessary to collect additional specimens. In the summer of this year, I myself made an investigation on Rishiri-zan together with Mr. Yoshiyuki NAGAHATA,[1] and fortunately succeeded in collecting another female specimen in the alpine zone of the same mountain. In the following lines, I am going to record them and describe this completely isolated population as a new subspecies of *H. macleayi*.

The higher system of the subtribe Carabina adopted in this paper is the same as that proposed by IMURA (2002).

This study will be presented at the 17th Annual Meeting of the Japanese Society of Coleopterology to be held in Odawara, 20–21 November 2004.

---

1) This survey was performed under the permission of the Ministry of Environment (permission No. 040721009 of the West Hokkaido Regional Office for Nature Conservation).

Hemicarabus macleayi amanoi IMURA, subsp. nov.

[Japanese name: Rishiri-no-makkurei-seaka-osamushi]

(Figs. 1–2)

Length: 17.2–17.8 mm (including mandibles). Head black, partly bearing a faint coppery reddish tinge in fresh individual; pronotum and elytral margins coppery red with a strong metallic lustre; elytra excluding the marginal areas dark to light yellowish green with rather strong metallic lustre; elevated part of pronotum and elytra almost black and not strongly polished; venter and appendages black.

Most closely allied to subsp. *coreensis* BREUNING (1933, p. 857; type locality: "Korea, Mts. Paik-to-san" [=Baegdu San in North Korea]), but distinguishable from that race in the following points: 1) pronotum with the lateral sides a little less roundly arcuate; 2) elytra apparently slenderer, 1.54 times as long as wide in both the specimens examined, and less acutely narrowed towards apices; 3) secondary and tertiary intervals of elytra more strongly developed and irregularly connected with primaries. From the nominotypical *macleayi* DEJEAN (1826, p. 485; type locality: "Daourie"

Figs. 1–2. *Hemicarabus macleayi amanoi* IMURA, subsp. nov. from the alpine zone of Mt. Rishiri-zan (1, holotype, ♀; 2, paratype, ♀).

[=Daurija in Southeast Siberia]) and *splendidulus* SEMENOW[2]) (1888, p. 207; type locality: "la baie De-Castries dans la Sibérie orientale maritime" [=De-Kastri in the Maritime Territory]), the new race is readily discriminated by a little longer antennae, much slenderer elytra and robuster elytral intervals.

Male unknown.

Type series. Holotype: ♀, 11~12-VIII-2004, Y. IMURA, N. TODA & Y. NAGAHATA leg., deposited in the collection of the Department of Zoology, National Science Museum (Nat. Hist.), Tokyo. Paratype: 1♀, summer of 2001, M. AMANO leg., now preserved in the collection of Y. IMURA.

Type locality. Alpine zone of Mt. Rishiri-zan, on Is. Rishiri-tô, off the western coast of the northern tip of Hokkaido, Northeast Japan.

Derivation of the name. The present new race is named after Mr. Masaharu AMANO [天野正晴] who first collected the specimen and submitted it to me for study.

Discussion

Hemicarabus macleayi is distributed mainly in the subarctic zone of northeastern Eurasia and Sakhalin, and is recorded for the first time from the Japanese territory in the present paper. The Rishiri-zan (1,721 m in height at the highest point), on which the Japanese race inhabits, is a stratovolcano formed on the bed rock of the Neocene (KOBAYASHI, 1999) and was volcanically active until the Pleistocene (SEGAWA, 1974). Therefore, the origin of *H. macleayi* in the same island cannot be older than that geological time and the species seems to have been established rather recently when the island was connected with the continent via Sakhalin by the regression of the sea in certain stage of the Glacial Period. The Rishiri population is thus considered to be a relict of the past cold time and must have been isolated in the alpine zone of Rishiri-zan where the environmental condition suitable for this species is barely maintained. This distributional pattern is similar to that of *Miscodera arctica* or *Trechus apicalis*, both of which are widely distributed in the subarctic zone of Eurasia and North America, and have so far been found, within the Japanese territory, only from the high altitudinal area of Rishiri-tô (cf. HABU, 1972, p. 30; UÉNO, 1966, pp. 69–74, 1984, p. 142). Incidentally, average annual temperature observed near the summit of Rishiri-zan is estimated at about −2.6°C (TAKAHASHI, 1999, p. 58) which is a little lower than that observed at the same height on the Daisetsu-zan Mountains, a central massif of Hokkaido.

The first specimen of *H. macleayi* in Rishiri-tô was picked up somewhere on a climbing route to the summit of Rishiri-zan, and the second one was obtained by pitfall traps set in a narrow scree slope along the path in the alpine zone. The beetle was not collected from such environments as the alpine snow meadow, community of *Pinus pumila* or dwarf scrub of *Betula ermanii* and *Alnus maximowiczii*, etc. Though our knowledge is still too poor on its true biotope and mode of life, the species may prefer rather barren place as is often observed in the other species belonging to the same genus. This might be a reason why we have been unable to find the carabid in question until recent years in spite of systematic surveys made by experienced carabidologists (cf. UÉNO, 1961, in HABU, 1972; MATSUMOTO, 1978, in UÉNO, 1984, pp. 141–142; UÉNO, NISHIKAWA, SAITO & SATÔ, 1990, in UÉNO, 1991, p. 110; YASUDA et al., 1991, etc.).

The most noticeable characteristics of the Rishiri population are the relatively slender elytra, which are much less acutely narrowed towards the apices than in the other races of *H. macleayi*. Its elytral sculpture is also unique in having more strongly developed secondary and tertiary intervals. Since the two specimens examined had the same character states and were distinguishable from the other races even in comparison between the females, I have decided to describe the Rishiri one as a new subspecies. Needless to say, however, the final conclusion should be drawn after examining the male and its genitalic organ.

Totally seven species of the subtribe Carabina have hitherto been recorded from the Island of Rishiri-tô, and the present new race becomes the eighth constituent (Table 1). Of these, *Hemicarabus macleayi*, *Aulonocarabus kurilensis* and *Pachycranion kolbei* are differentiated to the subspecies endemic to the island and the other five are common at the subspecific level with those distributed in the mainland of Hokkaido. The most noticeable difference in the carabid fauna between Rishiri-tô and Hokkaido is the absence of *Homoeocarabus maeander*, *Leptocarabus arboreus* and *Damaster blaptoides* in the former. The biotope of *H. maeander* is usually restricted to moors or marshy meadows, and it is no wonder that the carabid fauna of Rishiri-tô lacks this species, as there is little environmental condition suitable for this species in the island. On the contrary, it is very strange that the latter two are not found on Rishiri-tô, since they are the commonest everywhere in the mainland. This may be due to some geohistorical or ecological reason, but it is difficult to elucidate at present why the carabid fauna of Rishiri-tô lacks these two species. It is worth noting that the two *Hemicarabus* species occur in the same island, though they are not strictly sympatric. One of the two, *H. tuberculosus*, mainly inhabits grassy or barren plain in the low altitudinal area,

Table 1. List of the subtribe Carabina recorded from Is. Rishiri-tô.

1. *Hemicarabus macleayi amanoi* IMURA, subsp. nov.
2. *Hemicarabus tuberculosus tuberculosus* DEJEAN et BOISDUVAL, 1829
3. *Aulonocarabus kurilensis rishiriensis* NAKANE, 1957
4. *Asthenocarabus opaculus opaculus* PUTZEYS, 1875
5. *Carabus arvensis hokkaidensis* LAPOUGE, 1924
6. *Carabus granulatus yezoensis* BATES, 1883
7. *Pachycranion kolbei hanatanii* IMURA, 1991
8. *Acoptolabrus gehinii aereicollis* HAUSER, 1921

---

[2]) This taxon, originally described as "*Carabus Mac-Leayi* FISCH, Var. *splendidulus*", should be regarded as a mere colour variation of the nominotypical subspecies.

while *H. macleayi* is considered to be restricted to a distinctive environment in the alpine zone. In the same zone of Rishiri-zan, there also inhabit *Aulonocarabus kurilensis*, *Asthenocarabus opaculus*, *Pachycranion kolbei* and *Acoptolabrus gehinii*. However, they are usually dominant in the meadows or dwarf scrubs and rarely collected from barren places.

Though the habitat of the new race is located in the special protection zone of the national nature conservation area called the Rishiri-Rebun-Sarobetsu National Park, a special attention should be paid for its protection mainly against disturbance caused by poachers aimed at this beetle, since it is a beautifully colored newcomer added to the Japanese carabid fauna for the first time in long years.

Acknowledgements

I wish to express my sincere thanks to Mr. Masaharu AMANO (Seto, Aichi) for his kindness in submitting invaluable specimen to me for study. Mr. Naoki TODA (Nagoya, Aichi) entrusted me with the study of the very important specimen and helped my investigation in the field together with Mr. Yoshiyuki NAGAHATA (Yonezawa, Yamagata). Deep gratitude should be expressed to these colleagues of mine. I have to thank Mr. Mitsumasa KAWATA (Sapporo, Hokkaido), Dr. Akiko SAITO (Natural History Museum and Institute, Chiba), Mr. Helmut SCHÜTZE (Gleichen, Germany), Prof. Nobuyuki TAKAHASHI (Hokkai-Gakuen University, Sapporo, Hokkaido) and Mr. Nobuki YASUDA (Daisetsuzan National Park Sounkyo Visitor Center, Hokkaido) for their help in providing either specimens for comparative study or necessary literature. Hearty thanks are also due to Dr. Shun-Ichi UÉNO (National Science Museum, Tokyo) not only for kindly taking trouble to get a permission of my survey in the special protection zone of Rishiri-tô, but also for providing necessary literature and reviewing the manuscript of this paper.

References

BREUNING, S., 1932–37. Monographie der Gattung *Carabus* L. *Best.-Tab. eur. Coleopt.*, (104–110): 1–1610, 41 pls. Reitter, Troppau.
DEJEAN, P., 1826. *Species Général des Coléoptères de la Collection de M. le Comte DEJEAN*, **2**, VIII+501 pp. Paris-Crenot.
HABU, A., 1972. On some Carabidae found by Dr. S.-I. UÉNO in Hokkaido, North Japan (Coleoptera, Carabidae). *Mushi, Fukuoka*, **46**: 29–38.
IMURA, Y., 2002. Classification of the subtribe Carabina (Coleoptera, Carabidae) based on molecular phylogeny. *Elytra, Tokyo*, **30**: 1–28.
KOBAYASHI, T., 1990. Rishiri-kazan. *In* Nihon-no-chishitu "Hokkaidô-chihô". Henshi Iinkai (ed.), *Nihon-no-chishitu, 1, Hokkaidô-chihô*, 172–173. Kyôritsu-shuppan, Tokyo. (In Japanese.)
SEGAWA, S., 1974. *Nihon-chikei-shi, Hokkaidô-chihô*. 303 pp. Asakura-shoten, Tokyo. (In Japanese.)
SEMENOW, A., 1888. Notes synonymiques et systématiques sur diverses espèces du genre *Carabus* L. *Horae Soc. ent. ross., S.-Peterburg*, **22**: 207–212.
TAKAHASHI, N., 1999. Air temperature observation from the autumn of 1996 to the spring of 1998 on the summit of Mt. Rishiri-zan. *Study on periglacial phenomena and environments in the alpine zone of Japan. Report of Research Project, Grant-in-aid for Scientific Research (B), Ministry of Education, Sapporo*, 57–69. (In Japanese.)
UÉNO, S.-I., 1966. *Trechus apicalis* (Coleoptera, Carabidae) in the northern Kuriles. *Bull. natn. Sci. Mus., Tokyo*, **9**: 69–74.
—— 1984. Additions to the trechine fauna of Northeast Japan (Coleoptera, Trechinae). *Ibid.*, (A), **10**: 135–143.
—— 1991. Small localized species of *Epaphius* (Coleoptera, Trechinae) from northern Hokkaido, Northeast Japan. *Mem. natn. Sci. Mus., Tokyo*, (24): 105–111.
YASUDA, N., E. NISHIYA & M. SATO, 1991. Insect faunal survey of Is. Risiri and Is. Rebun. The vertical distribution of ground beetles communities in Mt. Risiri, Is. Risiri, Hokkaido. *Annual Bull. Risiri Town Museum, Rishiri-chô*, (10): 13–28. (In Japanese, with English title.)

要 約

井村有希：利尻島の高山帯におけるマックレイセアカオサムシの発見. —— マックレイセアカオサムシは，ユーラシア大陸北東部を中心に分布する種で，北朝鮮の北東部やカムチャツカ半島，さらにサハリンにも生息しているが，これまでわが国からは知られていなかった．ところがさいきん，利尻島の高山帯に生息していることがあきらかになったため，日本産オサムシのあらたなメンバーとして記録するとともに，外部形態の差にもとづき，新亜種名を与えて記載した．本種の生息地は，国立公園の特別保護区域内に位置しているものの，その範囲は利尻山高所の特殊な環境に限定されており，日本のファウナに本種のレベルであらたに加わったオサムシ，しかも美麗種であることから，まいいち本種に狙いを定めた密猟が行われると，採集圧による個体数の激減，ひいては個体群としての存続の危険が現実のものとなりかねない．本種の詳しい分布状況や生態は未知であるため，こんごさらに綿密な調査が必要であることは論を俟たないが，同時にその保護に対する対策が急務となるだろう．

Additional Notes on *Hemicarabus macleayi amanoi* (Coleoptera, Carabidae) Recently Discovered from the Island of Rishiri-tô, Northern Japan

Yûki IMURA

Shinohara-chô 1249-8, Kôhoku-ku, Yokohama, 222-0026 Japan

Abstract *Hemicarabus macleayi amanoi* IMURA is redescribed based on totally fourteen specimens including the first male, with illustration and description of the larva. Some taxonomical and bionomical notes are also given.

Hemicarabus macleayi was discovered very recently from the alpine zone of the Island of Rishiri-tô in northern Japan, and sensationally debuted into the Japanese carabine fauna as a remarkable newcomer (IMURA, 2004). In the same paper, the Rishiri race was described as an independent subspecies named *amanoi*. However, only two female specimens were known until that time, and the next step to be made was to discover the male in order to reconfirm its taxonomical status on sounder basis. Besides, our knowledge was still too poor on the distributional range and habitat of this beetle on the island, as well as its ecological data. All these are needed to be brought to light, since they are indispensable not only for science but also to make careful consideration to conservation of this meager species. For this purpose, I visited the island again in the summer of 2005 and made a second survey of the species in the alpine zone of Mt. Rishiri-zan[1]. With the aid of four other members joined to the expedition, I have finally succeeded in collecting totally twelve specimens including the first male of *H. m. amanoi*, and obtained a fairly good result on the range of distribution and original habitat. In addition, I was able to clarify its life stage from the egg to newly emerged adult *in vitro*.

In the present paper, I am going to give a full description of the Rishiri race on both sexes, with illustration and description of the larva, which would be introduced into science for the first time at the species level. A brief comment will also be given on its distributional range, habitat, food and estimated annual life cycle.

For the application of the generic names, I follow the higher system proposed by myself (IMURA, 2002), and the abbreviations used herein are the same as those explained in previous papers of mine.

---

[1] This survey was performed under the permission of the Ministry of Environment (permission No. 05328002 of the West Hokkaido Regional Office for Nature Conservation).

Before going into further details, I wish to express my sincere gratitude to all the members of the 2005 expedition for their kind aid throughout my field work: Messrs. Yoshiyuki NAGAHATA (Yonezawa, Yamagata), Masahiko SATO (Rishiri Town Museum), Kazuyuki SHIOMI (Hannô, Saitama) and Naoki TODA (Nagoya, Aichi). Also I thank Mr. Igor BELOUSOV (Zoological Institute of the Academy of Sciences, St. Petersburg), Dr. Thierry DEUVE (Muséum National d'Histoire Naturelle, Paris), Mr. Mitsumasa KAWATA (Sapporo, Hokkaido), Mr. Kiyoyuki MIZUSAWA (Yôkosuka, Kanagawa) and Dr. Akiko SAITO (Natural History Museum and Institute, Chiba) for their help in providing specimens for comparative study. Hearty thanks are also due to Dr. Shun-Ichi UÉNO (National Science Museum, Tokyo) not only for taking trouble to get a permission of my survey in the special protection zone of Rishiri-zan but for critically reading the manuscript of this paper.

This study will be presented at the 18th Annual Meeting of the Japanese Society of Coleopterology to be held in Kurashiki, 19–20 November 2005.

Hemicarabus macleayi amanoi IMURA, 2004

(Figs. 1–7, 14–20)

Hemicarabus macleayi amanoi IMURA, 2004, Elytra, Tokyo, **32**, p. 236; type locality: alpine zone of Mt. Rishiri-zan, on Is. Rishiri-tô, off the western coast of the northern tip of Hokkaido, Northeast Japan.

Male. Length (including mandibles): 16.40–17.10 (M 16.75) mm. Head black, usually bearing a faint coppery reddish or greenish tinge; marginal area of pronotum and elytra coppery red with a strong metallic lustre; pronotum excluding marginal portion black more or less bearing coppery reddish or yellow greenish tinge above all in bottoms of punctures and depressed part; elytra excluding the marginal areas metallically lustrous, with the coloration light to dark yellowish green often bearing a coppery reddish tinge along the sutural part, or sometimes wholly dark reddish coppery with a faint greenish tinge; elevated part of elytra almost black and rather strongly polished above all in fresh individuals; venter and appendages dark brown to brownish black.

Head as in female, though the antennae are a little longer, reaching the basal quarter of elytra; terminal segment of palpi not remarkably dilated, so that inter-sexual difference is hardly recognized. Pronotum a little slenderer than in female, 1.15–1.24 (M 1.22) times as wide as long, with the lateral sides gently arcuate throughout and hardly sinuate before hind angles which are more prominently protruded posteriad than in female and blunt at tips. Elytra much slenderer in female, 1.65–1.75 (M 1.71) times as long as wide, 1.34–1.45 (M 1.39) times as wide as pronotum, and widest behind the middle; lateral sides before the widest part nearly straight or at most feebly arcuate, those behind the widest part roundly arcuate; primary intervals the strongest, indicated by rather regularly interrupted rows of short costae and prominently convex above; secondaries much weaker than the primaries, forming rows of short and narrow costae irregularly interrupted by small secondary foveoles, or longitudinally set rows of large granules; tertiaries the weakest, usually recognized as irregularly set rows of granules

Figs. 1–6. Males of *Hemicarabus macleayi amanoi* from the alpine zone of Mt. Rishiri-zan, showing individual variation.

Fig. 7. Male genital organ of *Hemicarabus macleayi amanoi*. —— a, Aedeagus with fully everted endophallus in right lateral view; b, ditto in view from aedeagal apex; c, ditto in view from aedeagal base; d, apical part of aedeagus in right lateral view; e, ditto in dorsal view; f, ligulum in right lateral view. Scale: 1 mm for a–c; 0.5 mm for d–f.

often confluent with the adjacent intervals to form reticular pattern above all in central portion of elytra near the sutural part; legs a little longer and slenderer than in female; basal four segments of foretarsus dilated with hair pads on ventral surface.

Genital organ as shown in Figs. 7 and 14–19; aedeagus slender, gently arcuate throughout in lateral view, with the apical lobe narrowly protruded and weakly bent ventrad towards the apex which is obtusely rounded in lateral view; viewed dorsally, apical lobe of aedeagus triangularly elongated, gradually narrowed towards apex which is more sharply pointed than in lateral view, and faintly compressed right laterad; membraneous preostium rather narrow, about two-fifths as long as aedeagus; OL large, distinctly and symmetrically bilobed at tip; ligulum indicated by a well sclerotized narrow patch with the distal tip obviously separated from membraneous wall, remarkably hooked towards inflexed side of endophallus and sharply pointed at tip like a claw; neither BL nor ML developed on endophallus; PRE indicated by a pair of weakly inflated lobes with the intermediate portion minutely haired and weakly inflated; PP large, distinctly protruded dorsad and asymmetrically bilobed at tip, with the right apical lobe larger than the left in fully everted condition; PAR absent; AL not so large and weakly inflated bilaterally; PL unremarkable; AGG slightly sclerotized and weakly pigmented,

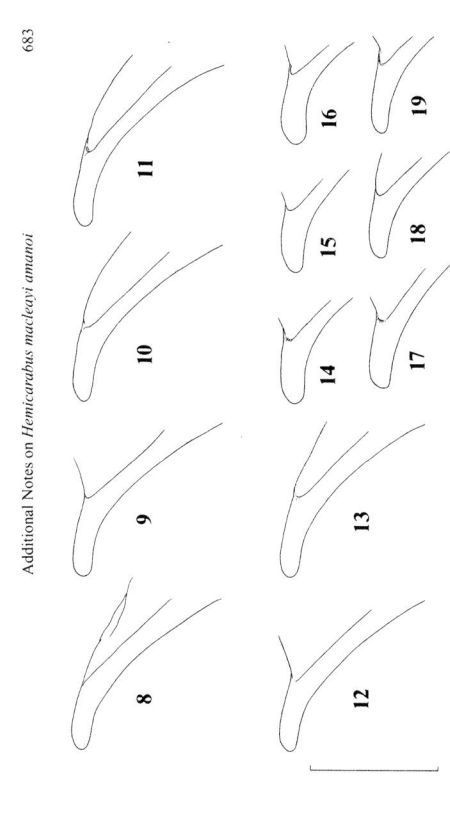

Figs. 8–19. Apical part of aedeagus of *Hemicarabus macleayi* subspp. —— 8–12. Subsp. *macleayi* (8, from Nerchinsk, SE. Siberia; 9, from Jakutsk, Yakut; 10, from Gornij, Amur; 11, from Mt. Vachkazhets, Kamchatka; 12, from Mt. Zdanko, C. Sakhalin); 13, subsp. *coreensis* (from "Mt. Paikyek-Chan", North Korea); 14–19, subsp. *amanoi* (from Mt. Rishiri-zan, Hokkaido). Scale: 1 mm.

indicated by a pair of triangularly shaped small terminal plate rather prominently projected towards inflexed side of endophallus.

Female. Length (including mandibles): 17.20–19.10 (M 17.73) mm. Dorsal coloration variable, but maybe included in range of variation between two extremes represented by type specimens, though most specimens collected in 2005 are not so brilliant as in the paratype (cf., IMURA, 2004, p. 236, fig. 2), but usually appear darker and less strongly lustrous as in the holotype (cf., IMURA, 2004, p. 236, fig. 1), or even wholly dark coppery reddish with the elytra bearing a weak greenish tinge. For other details, see the original description of the subspecies.

Larva. General features and chaetotaxy as in other species belonging to the same genus. Body black and strongly polished on dorsal surface; mandibles and legs dark brown; antennae and palpi amber colored and more or less transparent, with distal end of each segment depigmented.

Head transverse subquadrate, about 1.4 times as wide as long, widest at mid-eye level, with the lateral margins rather acutely convergent anteriad, almost parallel-sided behind eyes, and gently convergent posteriad; epistoma with the median tooth of apical margin (=nasale) triangularly protruded anteriad and quadridentate (Fig. 20 b), indicating the type of Quadricuspides (LAPOUGE, 1929, p. 49); front angles of epistoma almost equally protruded anteriad as in median tooth, to form subtriangularly shaped large lobes; three pairs of marginal setae inserted, two frontal and one lateral, and three pairs of short setae recognized on discal surface; mandibles rather slender, strongly ar-

cuate inwards throughout, tapering towards apices which are sharply pointed; each mandible with a large retinaculum near the base, which is rather abruptly hooked inwards and sharply pointed at tip; antennae consisting of four segments, with three short setae on distal end of the third and fourth segments.

Pronotum trapezoidal, ca. 1.46 times as wide as long and also ca. 1.46 times as wide as head, widest before hind angles which are obtusely rounded; lateral margins almost straightly convergent towards front angles which are subangulate and not protruded anteriad; front margin slightly protruded at middle and basal margin nearly straight or gently rounded throughout; disc strongly convex above, with the surface almost smooth though minutely rugoso-striate in central portion, and conspicuously guttered along lateral margins; two pairs of short discal setae and longer marginal setae inserted on each side. Mesonotum transverse, ca. 2.25 times as wide as long, widest before hind angles which are obtusely rounded, slightly convergent therefrom towards front angles which are rounded; apical margin rather widely bordered, and lateral margins narrowly but rather deeply grooved; chaetotaxy as in pronotum. Metanotum transverse, ca. 2.57 times as wide as long, with the proportion and chaetotaxy as in mesonotum, though the hind angles are a little more prominently protruded posteriad.

Abdominal tergites I–VIII transverse, 3.98 (in segment I)–2.93 (in segment VIII) times as wide as long; lateral sides of each tergite gradually dilated posteriad in segments I & II, nearly parallel-sided in III–VI, and convergent posteriorly in VII & VIII; hind angles of each segment subtriangularly lobate and protruded posteriad; each tergite with four pairs of short discal setae and two pairs of longer marginal setae; disc strongly convex above, sparsely scattered with fine punctures in segments III–VIII, with the lateral portion narrowly bordered and gently reflexed above, median line narrow but distinct in all eight segments.

Urogomphi a little longer and slenderer than in other species of the same genus, about 3.7 times as long as basal width, widest at bases, gradually tapered towards apices which are sharply pointed, slightly reflexed outside in dorsal view, and rather remarkably reflexed dorsad in lateral view; two accessory horns recognized in median portion, each of them being sharply pointed at tip and unisetiferous; surface coarsely covered with large granules except for apical part where three setae are inserted.

Specimens examined. Imagines (totally 6♂♂, 8♀♀, including the type series): 1♀ (holotype), alpine zone of Mt. Rishiri-zan, on Is. Rishiri-tô, off the western coast of the northern tip of Hokkaido, Northeast Japan, 11~12-VIII-2004, Y. IMURA, N. TODA & Y. NAGAHATA leg., preserved in the collection of the Department of Zoology, National Science Museum (Nat. Hist.), Tokyo (NSMT); 1♀ (paratype), same locality, summer of 2001, M. AMANO leg., in coll. Y. IMURA; 6♂♂, 5♀♀, same locality & collectors as for the holotype, summer of 2005, separately preserved in colls. NSMT,

Fig. 20. Third instar larva of *Hemicarabus macleayi amanoi* from the alpine zone of Mt. Rishiri-zan. —— a, Habitus in dorsal view; b, apical part of epistoma in dorsal view; c, abdominal tergites VII–IX in left lateral view. Scale: 2 mm for a & c, 1 mm for b.

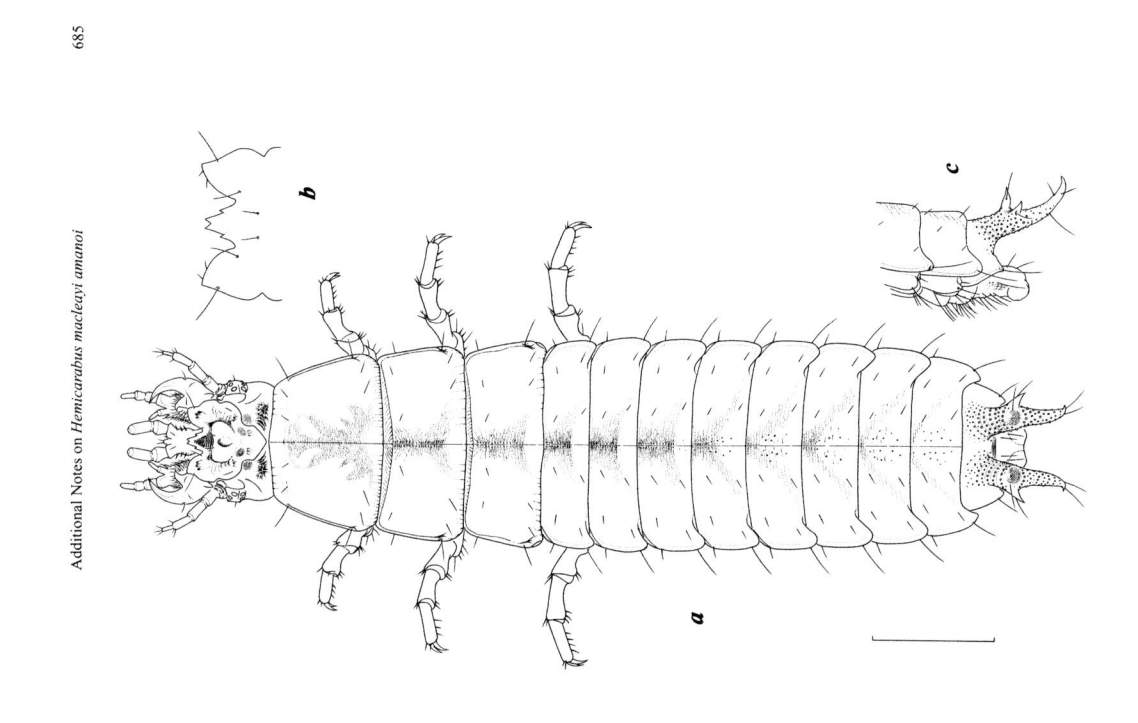

Rishiri Town Museum and Y. IMURA; 1♀, same locality (at a little lower altitude), summer of 2005, Y. IMURA & M. SATO leg., in coll. Y. IMURA. Larvae: 20 exs. (hatched from eggs oviposited by females *in vitro*, and bred by Y. IMURA, Y. NAGAHATA and N. TODA).

Taxonomical notes. Though bearing several peculiar features in the external morphology, the Rishiri race cannot be regarded as an independent species but should be placed under the category of *Hemicarabus macleayi*, viewed from the conformation of the male genital organ as described and illustrated in this paper.

In the original description, I mentioned that the most noticeable character of this beetle might be uniquely shaped elytra, which are apparently slenderer and less acutely convergent towards the apices for the species. This character state appears more distinctly in the male specimens, and doubtless represents the most diagnostic feature of the Rishiri race, as well as relatively slender pronotum and long legs. In addition, the beetle shows its own tendency in coloration of the dorsal surface. In the Rishiri population, dorsal surface of the elytra more or less bears a reddish tinge above all in the central portion near the sutural part, and no purple-colored individual is found, though the latter form is often predominant or appears by a certain ratio in most populations occurring in other regions with a few exceptions such as North Korea and Kamchatka. As mentioned in the redescription given above, elytral intervals of the Rishiri specimens are uniquely sculptured and could be useful as one of the main diagnostic characters. In the original description of subsp. *amanoi*, I have stated that "its elytral sculpture is also unique in having more strongly developed secondary and tertiary intervals" (IMURA, 2004, p. 238). However, this expression is inappropriate. Examining totally fourteen specimens, I have apprehended that the most noticeable is rather narrowly but prominently convex primary costae showing a striking contrast to much reduced tertiary intervals which are usually recognized as irregularly set rows of the granules. In the nominotypical *macleayi*, the tertiary intervals are almost equally elevated as in the secondaries, often longitudinally contiguous to form irregularly segmented costae, and more frequently fused with the adjacent intervals to form reticularly uneven elytral surface. In subsp. *coreensis*, the sculptural pattern is similar to that of the Rishiri race, but the former is readily discriminated from the latter by having much wider primaries indicated by rows of large callosities and much more reduced secondaries often indicated by rows of the granules. The aedeagal apex is considerably variable in the shape according to individuals as shown in Figs. 14–19. However, it is always a little shorter and robuster on an average than that of other populations (width/length 2.25–2.55 (M 2.39) in the Rishiri specimens, whereas it is 2.80–3.32 (M 2.99) in those from other localities), and it could be regarded as one of the diagnostic characters. Thus, the population of *H. macleayi* occurring on Rishiri-tô bears several important peculiarities and is safely regarded as a good subspecies.

Larva of *Hemicarabus macleayi* is illustrated and described for the first time in the present paper, so far as I have ranged extensively over the literature. General features are almost the same as those in three other species of the genus which have been described and/or illustrated in past papers (cf., LAYNAUD, 1975, pp. 308, 310, on *H. nitens* & *H. serratus*; SUGIE & FUJIWARA, 1981, on *H. tuberculosus*) (not yet published); ARNDT *et al.*, 2003, pp. 139, 145, on *H. nitens*), and the former is barely discriminated from the latter three in the following respects: 1) median tooth, or nasale, of epistoma longer and slenderer, more strongly protruded anteriad, with the tip less deeply re-entrant at middle; 2) urogomphi also a little longer and slenderer. We now know that all the four described species of *Hemicarabus* are thus quite homogeneous in the larval morphology, and it is suggested that they are phylogenetically much closer than has been imagined from the external appearance which is considerably different from one another. This is not consistent with a hypothesis deduced from the molecular phylogenetic study by analyzing mitochondrial DNA (IMURA *et al.* 2000).

Binomical notes. — Of the total twelve specimens obtained during the 2005 survey in the field, ten were collected by baited pitfall traps set in a narrow gravelly slope. The slope is very steep and frequently accompanying small-scale landslides here and there. In such a harsh condition, *H. m. amanoi* selectively inhabits the environment with the ground surface covered by low grasses, alpine mosses and lichens, so that the top soil is rather stable. One of the remaining two specimens was trapped in a grassy slope mainly composed of *Calamagrostis*, located at a little lower altitude. The final one was found in the daytime walking across a narrow barren terrace formed by dry sandy soil of volcanic origin, located near the periphery of the main habitat. As was expected in my previous paper (IMURA, 2004, p. 239), *H. m. amanoi* seems to be confined to such a strictly narrow environment now only partly extant near the summit of Rishiri-zan, and in most cases it is very dangerous even trying to approach there.

As is observed in other species belonging to the same genus, the present race seems to be a typical spring breeder, and has its main activity peak early in the summer in the alpine zone of Rishiri-zan, since the habitat is usually covered with snow until late in the spring. Reproduction is considered to take place in that season during a period of high locomotory activity of the adults. It is still uncertain whether this race has a two-peaked curve of activity both early and late in the summer, as is reported in other congeners of *Hemicarabus* (cf., TURIN *et al.*, 2003, p. 204).

According to the observation made in a cage, the adult beetle can accept various kinds of food, such as small scarabaeid beetles, caterpillars of alpine moths, ground spiders, snails, raw meat and several kinds of fruits, etc. On the other hand, the larva seems to be specialized to a predator of fresh insects. Above all, they prefer to eat small scarabaeid beetles such as *Sericania sachalinensis*, one of the dominant beetles in the alpine zone of Rishiri-zan during the activity peak of *H. m. amanoi*, or *Popillia japonica* as a substitute food *in vitro*. Also they prefer to feed on maggot (larva of *Phaenicia cuprina*) usually supplied as bait for fishing.

The larvae pass through three stages until pupation, so that the third one is the last instar. Preimaginal development takes 1–1.5 months under the room temperature of about 20°C.

References

ARNDT, E. & K. MAKAROV, 2003. Chapter 4. Key to the larvae. *In* TURIN H., L. PENEV & A. CASALE (eds.), *The genus Carabus in Europe, a synthesis*, 125–150. Pensoft, Sofia – Moscow.
IMURA, Y. 2002. Classification of the subtribe Carabina (Coleoptera, Carabidae) based on molecular phylogeny. *Elytra, Tokyo*, **30**: 1–28.
———— 2004. Discovery of *Hemicarabus macleayi* (Coleoptera, Carabidae) from the alpine zone of the Island of Rishiri-tô, northern Japan. *Ibid.* **32**: 235–240.
————, Z.-H. SU, O. TOMINAGA & S. OSAWA, 2000. Phylogeny in the Crenolimbi ground-beetles (Coleoptera, Carabidae) as deduced from mitochondrial ND5 gene sequences. *Ibid.*, **28**: 229–233.
LAPOUGE, G. V. DE, 1929–'53. Coleoptera Adephaga, Fam. Carabidae, Subfam. Carabinae. *In* WYTSMAN, P. (ed.), *Genera Insectorum*, (192): ME, A–C, E+1–747, 7 maps, 10 pls. Wytsman, Bruxelles.
LAYNAUD, P., 1975–'76. Synopsis morphologique des larves de *Carabus* LIN. (Coléoptères, Carabidae) connues à ce jour. *Bull. Soc. Linn. Lyon, Albi-Cannes*, (44): 210–224, 257–272, 297–328, 349–372; (45): 9–40, 61–84, 107–126.
SUGIE, N., & T. FUJIWARA, 1981. On the ecology and larval morphology of some carabid beetles inhabiting Hokkaido. 51 pp. (In Japanese.) (Presented as a graduation thesis of the Obihiro University of Agriculture and Veterinary Medicine, and not yet published as a formal paper.)
TURIN, H., L. PENEV, A. CASALE, E. ARNDT, Th. ASSMANN, K. MAKAROV, D. MOSSAKOWSKI, GY. SZÉL & F. WEBER, 2003. Chapter 5. Species accounts. *In* TURIN H., L. PENEV & A. CASALE (eds.), *The genus Carabus in Europe, a synthesis*, 151–284. Pensoft, Sofia – Moscow.

要 約

井村有希：リシリノマックレイセアカオサムシに関する追加知見. —— リシリノマックレイセアカオサムシは、2004年の秋に利尻島の高所から新亜種として記載され、ひさびさに発見された日本新記録種のオサムシとして注目を集めた。しかしながら、記載されたは時点では、わずか2点の♀2が知られていたいにすぎず、分類学的に不可欠なタが未知であったうえ、その分布状況や生息環境、生態に関しても不明な点が多かった。これらを解明するべく2005年度に行われた第二次調査により、♀を含む12点の標本があらたに得られ、より詳細な分布状況や生息環境、生態とともに、飼育によりその幼生期の全貌をもあきらかにすることができた。本論文で本種の分布や生息環境、生態について簡単に触れた。♀を含む終令幼虫の再記載、ならびに終令幼虫の図示・記載を行い、あわせて♀の交尾器所見や生態、交尾器形態とともに他集団との一定の差が認められ、独立した亜種としての特徴をそなえていることが再認識された。また、より広範な調査の結果、本種の生息範囲はきわめて限られていて、原記載論文における特殊な環境のみに細々と命脈をたもっていることとは全く疑う余地がない。現地における観察ならびに人為的環境下における飼育結果から、その生活史は同属各種と同じく春繁殖型と思われ、成虫は比較的雑食性で他の見虫や蜘蛛類、カタツムリ、果物などを食するが、幼虫は小型のコガネムシ類や双翅目の幼虫などを主たる食餌資源として利用しているらしいことが判明した。幼虫は頭部鼻上板前縁中央突起の形態が凹歯型を呈し、3令が終令で、飼育下では産卵から羽化まで1～1.5箇月を要した。

参考文献

ARNDT, E. & K. MAKAROV, 2003. Chapter 4. Key to the larvae. *In* TURIN H., L. PENEV & A. CASALE (eds.), *The genus Carabus in Europe, a synthesis*: 125–150. Pensoft, Sofia-Moscow.

ASSMANN, T. & J. JANSSEN, 1999. Effects of habitat changes on the endangered ground beetle *Carabus nitens* (Coleoptera: Carabidae). *J. Ins. Conserv.*, 3: 107–116

BATES, H. W., 1883. Supplement to the geodephagous Coleoptera of Japan, chiefly from the collection of Mr. George LEWIS, made during his second visit, from February, 1880, to September, 1881. *Trans. ent. Soc. Lond.*, 1883: 205–290, 1 pl.

BREUNING, S., 1932–'37. Monographie der Gattung *Carabus* L. *Best.-Tab. eur. Coleopt.*, (104–110): 1–1610, 41 pls. Reitter, Troppau.

CIEGLER, J. C., 2000. Ground beetles and wrinkled bark beetles of South Carolina (Coleoptera: Geadephaga: Carabidae and Rhysodidae). 149 pp. South Carolina Agriculture and Forestry Research System, Clemson University.

DEJEAN, P. F. M. A., 1826. Species général des Coléoptères de la collection de M. le comte DEJEAN, 2, VIII+501 pp. Paris-Crenot.

DEJEAN, P. F. M. A. & J. B. A. BOISDUVAL, 1829. Iconographie et histoire naturelle des Coléoptères d'Europe, Tome I. XIV+400 pp., 60 pls. Paris. Mequignon-Marvis Père et Fils (eds.).

GÉHIN, J. B., 1885. Catalogue synonymique et systématique des Coléoptères de la Tribu des Carabides, avec des planches dessinées par Ch. HAURY. XXXVIII+104 pp. Remiremont et Prague.

HABU, A., 1972. On some Carabidae found by Dr. S.-I. UÉNO in Hokkaido, North Japan (Coleoptera, Carabidae). *Mushi, Fukuoka*, 46: 29–38.

花谷達郎・小沼 篤・酒井 香, 1968. 利尻島の昆虫 (II), 鱗翅目を除くその他の昆虫. 中村武久 (編), 利尻島動植物調査の記録: 79–91. 東京農業大学第一高等学校.

HAUSER, G., 1921. Die *Damaster-Coptolabrus*-Gruppe der Gattung *Carabus*. *Zool. Jahrb., Syst.*, 45: 1–394, pls. 1–11.

北大昆虫研究会, 1975. 北海道の高山蝶, ヒメチャマダラセセリ. 199 pp. 北海道新聞社.

堀 繁久, 1999. 北海道周辺離島のオサムシ科甲虫相. 利尻研究 (利尻町立博物館年報), 18: 81–92.

――― 2001. 北海道周辺離島のオサムシ科甲虫相. 昆虫と自然, 36(3): 4–8.

井村有希, 1991. オサムシ亜族の地理的変異と個体変異 (2), オシマルリオサムシ・アイヌキンオサムシ. 猪又敏男 (編), 図説・世界の重要昆虫, B(2): 17–32. むし社.

IMURA, Y., 2002. Classification of the subtribe Carabina (Coleoptera, Carabidae) based on molecular phylogeny. *Elytra, Tokyo*, 30: 1–28.

――― 2003. An isolated population of *Homoeocarabus maeander* (Coleoptera, Carabidae) discovered from a palsa bog on the Daisetsu-zan Mountains in Hokkaido, Northeast Japan. *Ibid.*, 31: 439–445.

――― 2004. Discovery of *Hemicarabus macleayi* (Coleoptera, Carabidae) from the alpine zone of the Island of Rishiri-tô, northern Japan. *Ibid.*, 32: 235–240.

――― 2005. Additional notes on *Hemicarabus macleayi amanoi* (Coleoptera, Carabidae) recently discovered from the Island of Rishiri-tô, northern Japan. *Ibid.*, 33: 679–688.

井村有希・水沢清行, 1996. 世界のオサムシ大図鑑. 261 pp., 84 pls. むし社.

井上 壽, 1953. セアカオサムシの生活史. 新昆蟲, 6(4): 43–44.

――― 1953. エゾアカガネオサムシの生活史. 同, 6(12): 32.

ISHIKAWA, R., 1966. Descriptions of new subspecies in the Japanese Carabina (Coleoptera, Carabidae). *Bull. natn. Sci. Mus., Tokyo*, 9: 451–463, pls. 1–4.

――― & K. MIYASHITA, 2000. A revision of *Leptocarabus* (*Aulonocarabus*) *kurilensis* (LAPOUGE) in Hokkaido, Japan (Coleoptera, Carabidae). *Jpn. J. syst. Ent., Matsuyama*, 6: 63–77.

伊藤浩司, 1982. 北海道の高山植物と山草. 230 pp. 誠文堂新光社.

木元新作・保田信紀, 1992. 地表性歩行虫類群集による生物環境学的研究, 3, 北海道利尻山の垂直分布について. 久留米大学比較文化研究所紀要第 11 集: 39–64.

─────・───── 1995. 北海道の地表性歩行虫類, その生物環境学的アプローチ. 315 pp. 東海大学出版会.

KIRBY, W., 1818. A century of insects, including several new genera described from his cabinet. *Trans. Linn. Soc. Lond.*, 12: 375–453.

小林哲夫, 1990. 利尻火山. 日本の地質「北海道地方」編集委員会 (編), 日本の地質, 1, 北海道地方: 172–173. 共立出版.

河野廣道, 1936. 大雪山の甲蟲類. *Biogeographica*, 1(2): 75–104.

LAPOUGE, G. V. DE., 1913–'28. Carabes nouveaux ou mal connus. *Misc. ent.*, 21, 26, 28, 30: 3–229.

───── 1929–'53. Coleoptera Adephaga, Fam. Carabidae, Subfam. Carabinae. In WYTSMAN, P. (ed.), *Genera Insectorum*, (192): ME, A–C, E + 1–747, 7 maps, 10 pls.

LARSSON, S. G., 1939. Entwicklungstypen und Entwicklungszeiten der daenischen Carabiden. *Ent. Meddelelser*, 20: 273–562.

LAYNAUD, P., 1975–'76. Synopsis morphologique des larves de *Carabus* LIN. (Coléoptères, Carabidae) connues a ce jour. *Bull. Soc. Linn. Lyon, Albi-Cannes*, (44): 210–224, 257–272, 297–328, 349–372; (45): 9–40, 61–84, 107–126.

LINDROTH, C. H., 1969. The ground beetles (Carabidae, excl. Cicindelinae) of Canada and Alaska, Part 1. *Opusc. Ent., Suppl.*, 35: 1–48.

LINNÉ, C., 1758. Systema naturae per regna tria naturae, secundum Classes, Ordines, Genera, Species, cum characteribus, differentiis, synonymis, locis, ed. 10, reformata, I – Holminae, IV + 824.

松井愈・吉崎昌一・植原和郎 (編), 1984. 北海道創世記. 197 pp. 北海道新聞社.

宮本誠一郎・杣田美野里, 2004. 新版 利尻 山の島 花の道. 95 pp. 北海道新聞社.

水沼哲郎, 1984. ヤンバルテナガコガネ *Cheirotonus jambar*. 104 pp. 朝日出版社.

MORAWITZ, A., 1863. Beitrag zur Käferfauna der Insel Jesso. Erste Lieferung. Cicindelidae et Carabici. *Mém. Acad. imp. Sci. St. Pétersbourg*, (7), 6(3): 1–84.

森田誠司, 1995. 利尻島のゴミムシ類. 利尻研究 (利尻町立博物館年報), 15: 1–7.

MOTSCHULSKY, V. DE, 1859. Catalogue des insectes rapportés des environs du fl. Amour, depuis la Schika jusqu'à Nikolaëvsk, examinés et énumérés. *Bull. Soc. imp. Naturalistes, Moscou*, 2: 487–507.

永幡嘉之, 1995. 鳥取平野のオサムシの分布資料. すかしば (山陰むしの会機関誌), (41/42): 1–9.

NAKANE, T., 1957. New or little-known Coleoptera from Japan and its adjacent regions, 14. *Sci. Rep. Saikyo Univ. (Nat. Sci. & Liv. Sci.)*, 2(4), A Ser.: 235–239.

西島浩, 1989. 北海道のオサムシ分布概要. 山谷文仁・荒井充朗・草刈広一・吉越肇 (編著), 東日本のオサムシ: 11–14. ぶなの木出版.

野中啓史, 1980. [4] 利尻島のオサムシ垂直分布. 早稲田生物, (22): 61–62.

大澤省三・蘇智慧・井村有希, 2002. DNA でたどるオサムシの系統と進化. 264 pp. 哲学書房.

OSAWA, S., Z.-H. SU & Y. IMURA, 2004. Molecular phylogeny and evolution of carabid ground beetles. 191 pp., 119 figs. Springer-Verlag, Tokyo.

PAPP, C. S., 1984. Introduction to North American beetles. 335 pp. Entomography Publications, Sacramento.

PUTZEYS, J., 1875. Notice sur carabiques recueillis par M. Jean VAN VOLXEM à Ceylan, à Manille, en Chine et au Japon (1873–1874). *Ann. Soc. ent. Belg., Bruxelles*, 18: 45–55.

斉藤明子, 2000. カムチャツカ・北千島での甲虫類調査. 知られざる極東ロシアの自然－ヒグマ・シベリアトラの大地を旅する－. 千葉県立中央博物館, 平成 12 年度特別展解説書: 34–39.

桜井俊一・鳥羽明彦・山谷文仁, 1989. セアカオサムシ *Carabus* (*Hemicarabus*) *tuberculosus* (DEJEAN et BOISDUVAL). 山谷文仁・荒井充朗・草刈広一・吉越肇 (編著), 東日本のオサムシ: 54–58. ぶなの木出版.

SAY, T. L., 1823. Descriptions of insects of the families of Carabici and Hydrocanthari of LATREILLE, inhabiting North

America. *Trans. Amer. phil. Soc.* (N.S.), 2 [1825]: 1–109.

瀬川秀良, 1974. 日本地形誌, 北海道地方. 303 pp. 朝倉書店.

SÉMENOW, A., 1888. Notes synonymiques et systématiques sur diverses espèces du genre *Carabus* L. *Horae Soc. ent. ross., S.-Peterburg*, 22: 207–212.

SU, Z.-H., Y. IMURA, O. TOMINAGA & S. OSAWA, 2000. Phylogeny in the Crenolimbi ground-beetles (Coleoptera, Carabidae) as deduced from mitochondrial ND5 gene sequences. *Elytra, Tokyo*, 28: 229–233.

杉江 昇・藤原敏幸, 1981. 北海道に生息する数種オサムシ類の生態と幼虫形態について. 51 pp.（帯広畜産大学畜産環境学科畜産環境学研究室昭和55年度卒業論文. 公式論文としては未発表.）

高橋伸幸, 1999. 利尻山山頂部における1996年秋季〜1998年春季の気温状況. 日本の高山帯における周氷河現象とその環境に関する研究. 平成7〜9年度文部省科学研究費補助金（基盤研究B）研究成果報告書: 57–65.

TURIN, H., L. PENEV, A. CASALE, E. ARNDT, Th. ASSMANN, K. MAKAROV, D. MOSSAKOWSKI, Gy. SZÉL & F. WEBER, 2003. Chapter 5. Species accounts. *In* TURIN H., L. PENEV & A. CASALE (eds.), *The genus Carabus in Europe, a synthesis*: 151–284. Pensoft, Sofia-Moscow.

UÉNO, S.-I., 1966. *Trechus apicalis* (Coleoptera, Carabidae) in the northern Kuriles. *Bull. natn. Sci. Mus., Tokyo*, 9: 69–74.

―――― 1984. Additions to the trechine fauna of Northeast Japan (Coleoptera, Trechinae). *Ibid.*, (A), 10: 135–143.

―――― 1991. Small localized species of *Epaphius* (Coleoptera, Trechinae) from northern Hokkaido, Northeast Japan. *Mem. natn. Sci. Mus., Tokyo*, (24): 105–111.

梅沢 俊, 2001. 北海道山の花図鑑, 利尻島・礼文島. 253 pp. 北海道新聞社.

山谷文仁, 1989. 調査地点表と地点図. オサムシマップ, (40): 2–112.

保田信紀・松本英明, 1993. 北海道の歩行虫類. 層雲峡博物館研究報告, (13): 1–93.

――――・西谷栄治・佐藤雅彦, 1991. 利尻山における地表性甲虫類の垂直分布―利尻島・礼文島昆虫相調査報告―. 利尻町立博物館年報, (10): 13–28.

吉村 庸, 1994. 原色日本地衣植物図鑑. 349 pp. 保育社.

あとがき

「先生，利尻へ行かれるんですか！」いつも外来でコンビを組んでいる看護師のTさんが，机の上に置かれたガイドブックを見るなり驚いたように声をあげた．彼女の出身はなんと利尻島．何年も一緒に仕事をしてきたというのに，そんなこととは露知らず…．その後，親戚の町議会議員さんを通じて，夏場はどこも満杯となる利尻の宿を確保してもらい，調査を無事成功させることができた．

翌年，ふらりと立ち寄った鴛泊港の食堂で突然声をかけてくれたのは，利尻在住の彼女のお姉さんだった．一緒にいたクライマーの塩見君が偶然口にした「井村さん」の声を聞いて，私だとわかったのだそうだ．互いにそれまで一面識もなかったというのに．

そういえば大学卒業後すぐに研修医として入職した病院でも，僅か数名の同期生のなかに利尻島出身の脳外科医がいた．

調査行をともにし，すっかり意気投合した町立博物館の佐藤さんは，血液型から性格，食べ物の好みまで私との共通点が妙に多く，とても他人とは思えないほどであった．

そして，きわめつけはマックレイである．この虫と関わってからというもの，過去から現在までに遭遇したさまざまな偶然が蘇り，重なり合い，それらが利尻島という一点に向けてみごとなまでに収斂してゆく…．1匹の小さな虫がとりもつ不思議な縁を感じずにはいられない2年間であった．

佐藤さんの奥さん曰く，「井村さんと利尻島は，きっと赤い糸で結ばれているんですよ」―― 私の小指の対側に繋がっているのは，さしずめ山頂下のロウソク岩といったところだろうか．

(井村)

早朝の成田空港は人影も少なく，店はようやくシャッターを上げ始めたばかりだった．朝食をとりながら，おもむろに井村氏がとり出された写真は，これから2週間入ろうとする中国四川省の話題ではなく，小さくてきらびやかな，そして未知の"日本の"オサムシだった．その日からしばらく，我々の間でそれは「利尻のコロボックル」という合言葉で呼ばれることになる．

1996年7月，初めてのロシア・アムール．針葉樹の香りに満ちた林に，ひときわ大きく聳え立つアカエゾマツがあった．素足で身を切るような流れを渡り，幹を降りてくる大きなアオヒメスギカミキリを右手で押さえたとき，足下のハナゴケの間から這い出してきた目のさめるように美しいオサムシ．そのマックレイセアカオサムシとの出会いが，1枚のぼやけた画像の上に鮮やかに重なっていた．

二十代の半ばごろ，一度だけ熱帯に夢中になった時期がある．しかし，結局は北国に戻った．世界のブナの森を最初の撮影テーマに選んだのは，芽吹きの美しさに魅せられたからであるし，二番目の撮影テーマにしているロシア沿海州の草原でも，スプリング・エフェメラルの草花が見せる力強い，そしてはかない表情に心惹かれた．

北国ほど，そして雪国ほど，春は劇的に訪れる．草花も虫たちも，長く厳しかった冬を美しさに変えてその身にまとう．山肌の美しさの粋を集めたかのような利尻のコロボックルが鋭い山稜に息づいていることを知ったとき，利尻山は私にとって三番目の「北国」となり，翌春から撮影の日々がはじまった．

(永幡)

略　歴

井村有希　Yûki IMURA

　1954年生まれ．医師・昆虫研究家．
　オサムシとルリクワガタをおもな研究対象とし，日本国内はもとより世界各地で精力的に調査・研究活動を続けている．とくに中国奥地での調査経験が豊富で，同国の自然保護区における滞在期間はのべ200日近くに達する．これまでに出版された昆虫関係の論文・報文は200編以上におよび，おもな著書に「東日本のオサムシ」（共著，ぶなのき出版），「図説・世界の重要昆虫」（むし社），「世界のオサムシ大図鑑」（共著，むし社），「DNAでたどるオサムシの系統と進化」（共著，哲学書房），同英語版（Molecular Phylogeny and Evolution of Carabid Ground Beetles）（Springer-Verlag, Tokyo）などがある．
　東京慈恵会医科大学医学部卒業．医学博士．

永幡嘉之　Yoshiyuki NAGAHATA

　1973年生まれ．自然写真家．
　山形県を拠点として撮影を続けるほか，世界のブナ林および極東ロシアの自然をふたつの撮影テーマとしており，ロシア沿海州には10年にわたって通い続けている．カミキリムシ・オサムシの採集を好み，山形県内での動植物の調査・保全活動に取り組んでいる．
　昆虫専門月刊誌「月刊むし」を中心に，報文・連載多数．また，山形新聞に世界のブナ全種の紹介記事を4年間にわたって連載．
　信州大学農学研究課修士課程終了．専門は保全生態学．

リシリノマックレイセアカオサムシ
さいはての島の小さな奇跡
ISBN 4-902649-05-5

発行日： 2006年8月1日　第1刷
著　者： 文・井村有希　写真・永幡嘉之
印　刷： TAITA Publishers (Czech Republic)
発行者： 川井信矢
　　　　昆虫文献　六本脚
　　　　〒103-0023
　　　　東京都中央区日本橋本町3-5-11
　　　　共同ビル(本町通り) 川茂㈱内
　　　　TEL: 03-3279-2671
　　　　FAX: 03-3279-2678
　　　　URL: http://kawamo.co.jp/roppon-ashi/
　　　　E-MAIL: roppon-ashi@kawamo.co.jp
定　価： 9,800円（消費税込）

　本書の一部あるいは全部を無断で複写複製することは，法律で認められた場合を除き，著作権者および出版社の権利侵害となります．あらかじめ小社あて許諾をお求め下さい．

Hemicarabus macleayi amanoi
A Miracle of the Carabidology Made on the Northernmost Island of Japan
ISBN 4-902649-05-5

Date of publication : August 1st, 2006
Authors : Text by Yûki IMURA
　　　　　Photo by Yoshiyuki NAGAHATA
Printed by TAITA Publishers (Czech Republic)
Published by
　Roppon-Ashi Entomological Books (Tokyo, Japan)
　Kyodo BLDG. (Honcho-Dori), 3-5-11,
　Nihonbashi-honcho, Chuo-ku, Tokyo,
　103-0023 Japan
　Phone: +81-3-3279-2671
　Fax: +81-3-3279-2678
　URL: http://kawamo.co.jp/roppon-ashi/
　E-MAIL: roppon-ashi@kawamo.co.jp
Retail price: JPY 9,800

Copyright　2006 Roppon-Ashi Entomological Books All rights reserved.　No part or whole of this publication may be reproduced without written permission of the publisher.